JN041589

虫を　とらえる　ことが　できます。
花に　にていると、えものの　虫に、気づかれにくいのですね。

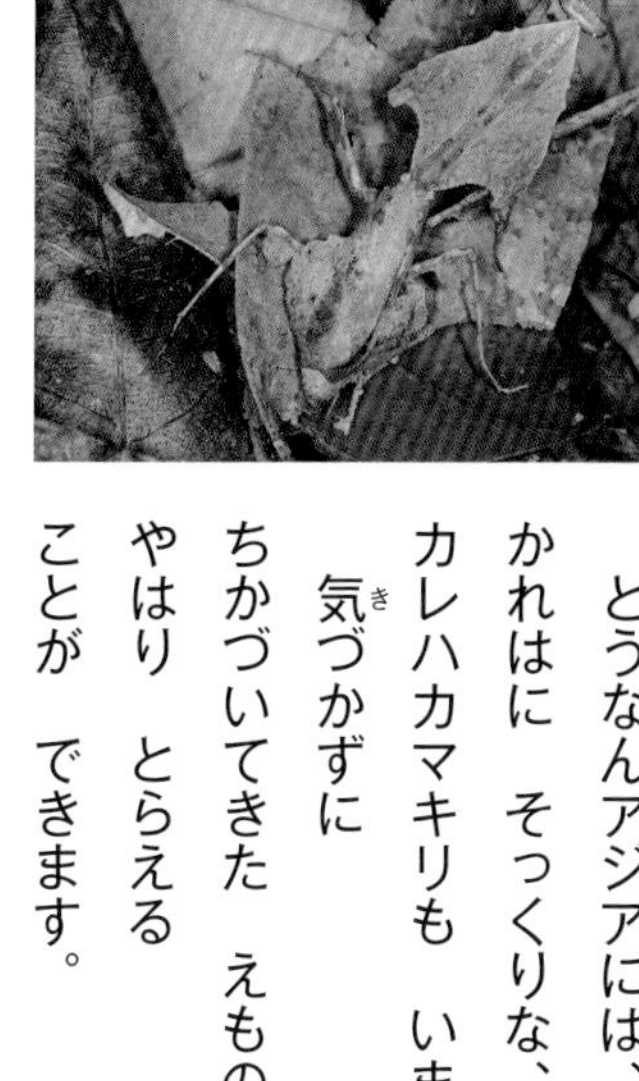
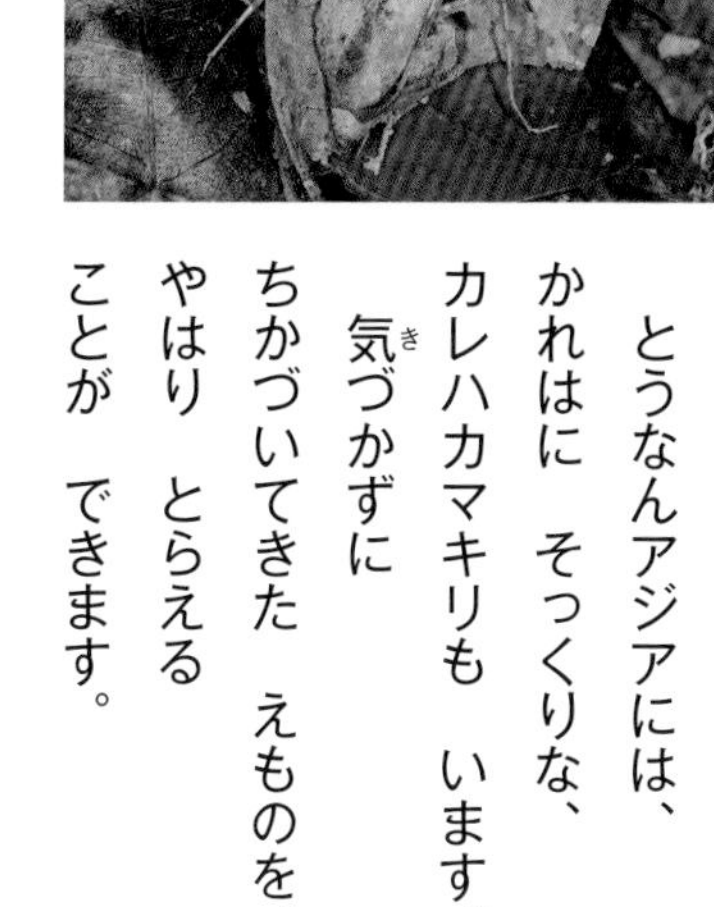
こたえ
花じゃ　なかった！

とうなんアジアには、かれはに　そっくりな、カレハカマキリも　います。気づかずに　ちかづいてきた　えものを、やはり　とらえる　ことが　できます。

カマキリが
いるなんて
おもえないよ。
えものは　平気で
ちかづいちゃうよね。

のし　のし

いわの　上でも、おなじように　小ざかなを　つかまえられるのかも　しれません。ヒラメは、カニに　たべられる　ことが　あります。でも　すなの　上で　じっとしていれば、カニに　気づかれにくく　なります。みを　まもるのにも　やく立つのですね。

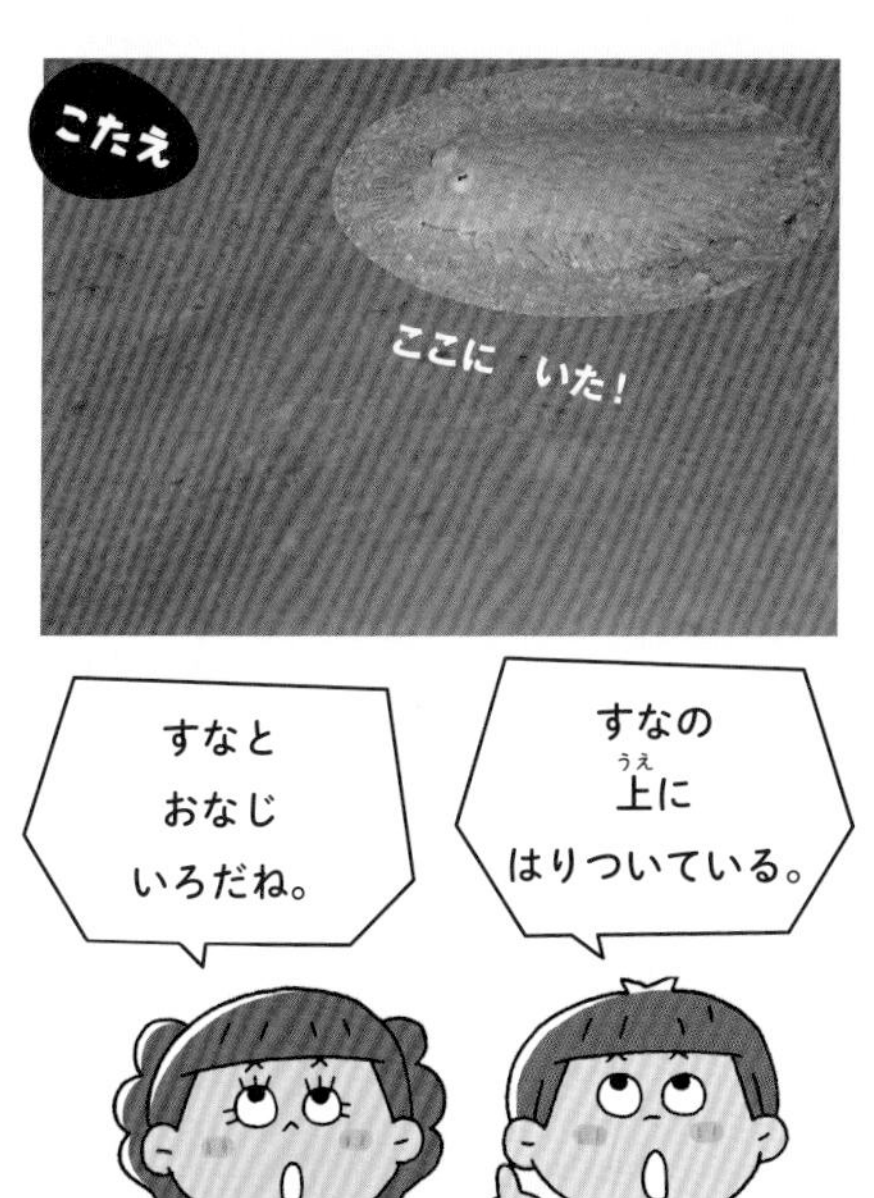
こたえ
ここに　いた！
すなの
上に
はりついている。
すなと
おなじ
いろだね。

かがくのなぜ？

ふしぎが いっぱい！

生きものの すがた

CREATURE FACT FILE

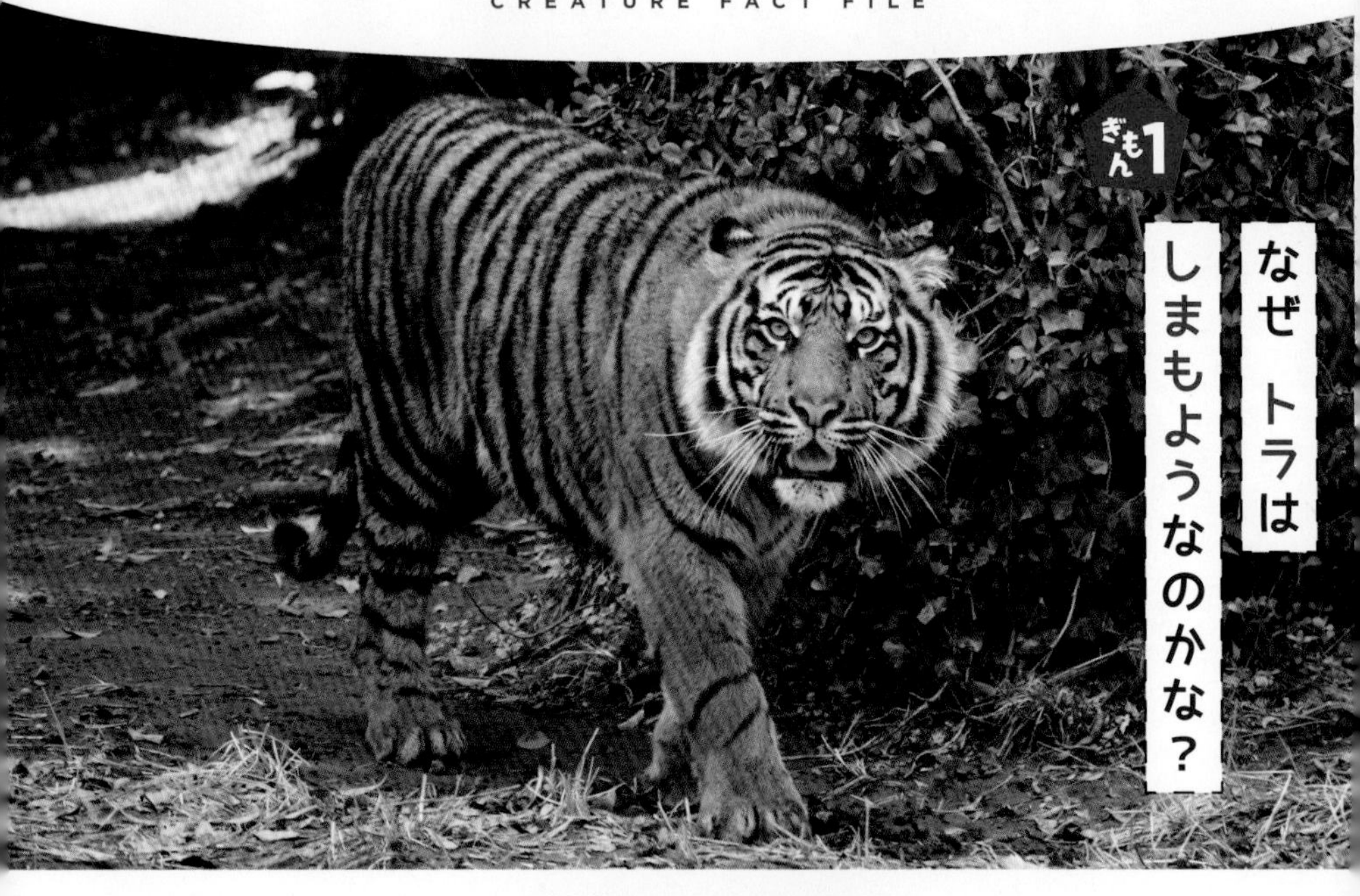

ぎもん1

なぜ トラは しまもようなのかな？

トラは、そうげんや 林の 中で くらす もうじゅうです。からだは きいろと くろの しまもようです。

どうしてなのでしょう。おおくの どうぶつたちは、ものが 白くろで 見えていると いわれます。トラを 白くろで 見ると、どう なるでしょう。

おや、草に まぎれて 見えますね。

えものは、トラに 気づかないかもしれません。

トラの しまもようは、このように すがたを かくすのに やく立っていると かんがえられているのです。

ほかにも すがたを かくす 生きものは いるのかな？

ここに　いる　生きものは、みんな　すがたを　かくす
かくれんぼう名人です。どこに　いるか、わかるかな？

Q. ハナカマキリは　どこかな？

ハナカマキリ

見つけられたかな？　右の　ページを　ひらこう。

Q. ヒラメは　どこかな？

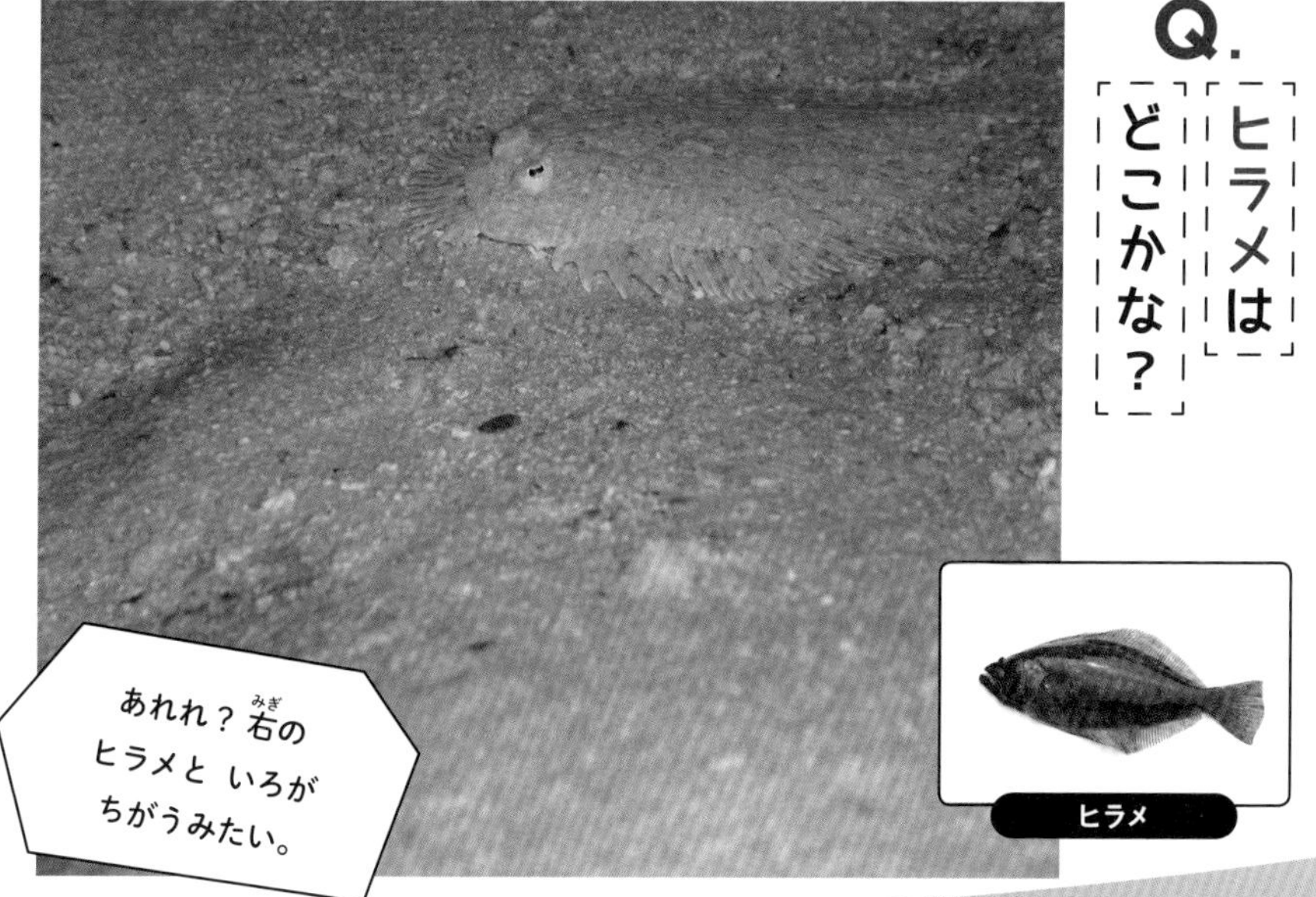

ヒラメ

ぎもん2 どうして かくれているのかな？

ランの 花に にた すがたで みを かくす ハナカマキリ

ハナカマキリは　とうなんアジアに　います。よう虫は、ランの　花に　そっくりです。花に　そっくりだと、なにか　いい　ことが　あるのでしょうか。

ハナカマキリの　よう虫は、ランに　やってきます。すると、クモや　チョウなどの　虫が、ハナカマキリの　よう虫に　気づかずに　平気で　ちかづいてきます。

そのため、ハナカマキリの　よう虫は　まえ足を　さっと　のばして、ちかづいてきた

まわりの ようすと そっくりに からだの いろが かわる ヒラメ

ヒラメは　うみの　そこで　くらしています。まわりの　いろに　あわせて、からだの　いろが　かわる　しくみを　もっています。そのことで　どんな　いいことが　あるのでしょう。

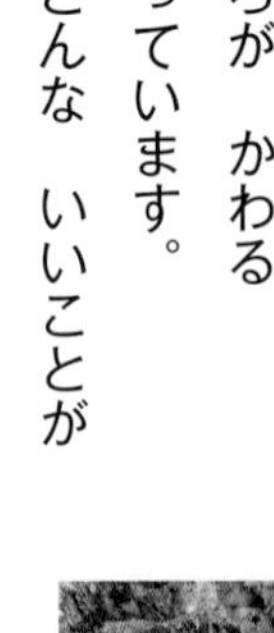

ヒラメが　すなに　いると、小ざかなが　気づかずに　やってきます。すると　ヒラメは、いきなり　小ざかなに　とびかかり、たべてしまいます。

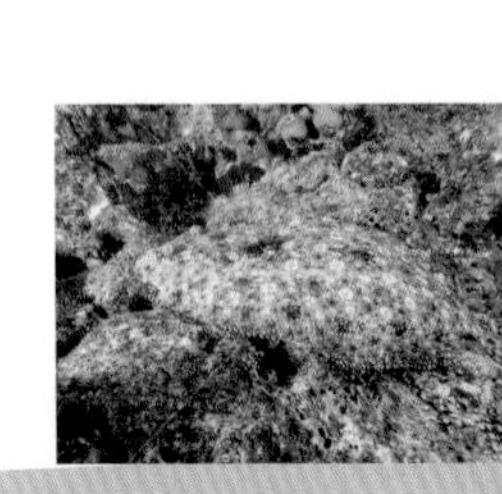

しぜんの 中の かくれんぼう名人を 見つけよう！

Q. アケビコノハは どこかな？

はねを とじているよ。
なにに
にているだろう？
アケビコノハ

見つけられたかな？ 左の ページを ひらこう。

Q. コシアカスカシバは どれかな？

どんな　かくれかたが　あるのかな？

アフリカに　すむ
シマウマは　ライオンや
チーターに　いつも
ねらわれています。
どんな　みの　かくしかたが
あるでしょう？

しんだふりを
してみる？

どうぐを
つかって
かくれるとか…。

たくさんいたら
ねらわれ
にくいかも。

シマウマが　むれに　なっている
ようすです。

きみは　どう　おもいますか？

なんとう
いるのかな？

しましまが
いっぱい！

どこから　どこまでが
１とう？

ライオンや
チーターは
ねらいにくく
なるのかな？

なぜ？ どうして？

かがくのぎもん 1年生

監修 森本信也（横浜国立大学名誉教授）

Gakken

もくじ

絵・金田啓介

絵・尾田瑞季

絵・越濱久晴

生きものの お話①

絵・八木橋麗代

絵・すがわらけいこ

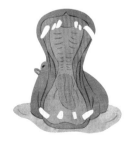

生きもののお話②

みの　まわり・たべものの　お話

ちきゅうと うちゅうの お話

絵・森のくじら

絵・やまざきかおり

からだの お話（はなし）

どうして　おなかが　すくの？

わたしたちが　たべた　ものは、からだの　中の
胃や　腸で　いろいろな　えいようと　なって
血の　中に　入ります。
そのため、ものを　たくさん　たべると、

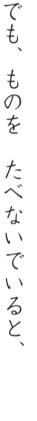

血の 中の えいようが
ふえます。 すると、
えいようが ふえた ことを
あたまの 中の 脳が
かんじて、「おなかが
いっぱいだ」と いう
気持ちに なります。

でも、 ものを たべないでいると、

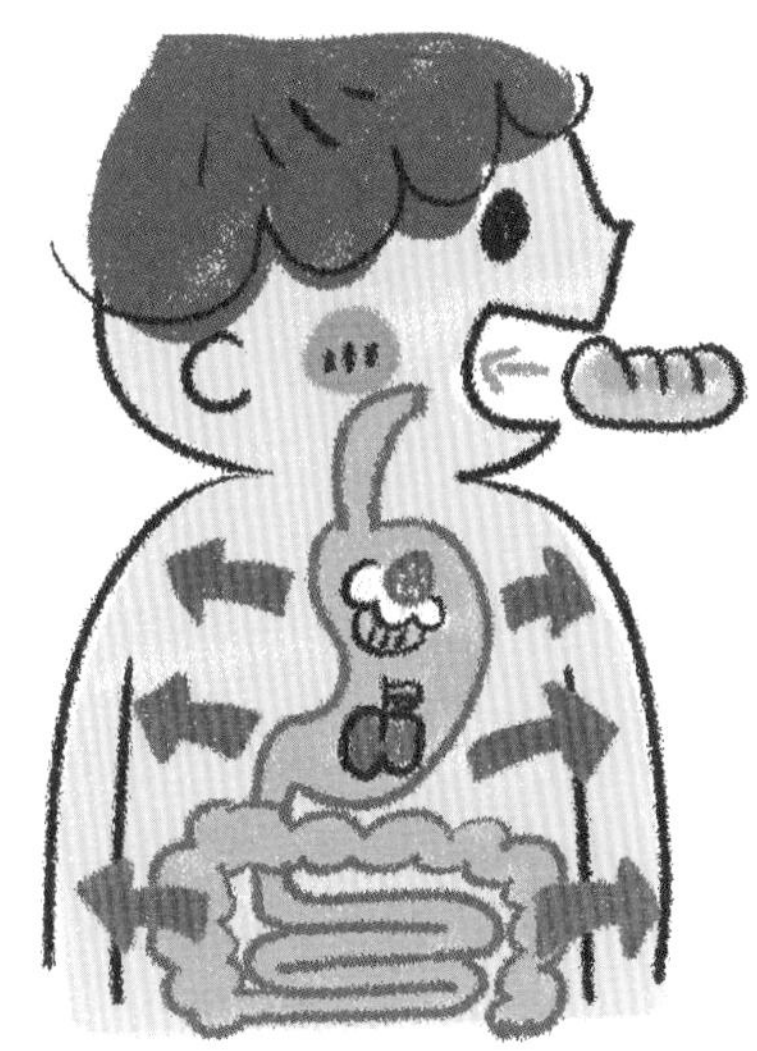

胃や　腸の　中が　空っぽに　なり、あまり胃や　腸が　はたらかなく　なります。すると、胃や　腸が　空っぽに　なった　ことを　脳がかんじて、「おなかが　すいた」と　いう気持ちに　なるのです。

でも、おもしろい　まんがを　よんでいたり、あそびに　むちゅうに　なったり　していると、おなかが　すいている　ことに　気が　つかない

ことが　あります。
また、おなかが
すいていなかったのに、
おいしそうな　たべものを
見たり、おいしそうな
においを　かいだり　した
とたんに、おなかが
すく　ことも　あります。

おなかが　すく　ことには、胃や　腸の
はたらきだけで　なく、目で　見た　ことや　はなで
かいだ　におい、その　人の　気持ちなども
かかわっているのです。

どうして おならが 出るの？

みなさんは、人の いる ところで つい おならが 出てしまった ことは ありませんか。いったい なぜ、おならが 出るのでしょうか。

わたしたちは ものを たべる とき、たべものと

いっしょに　いつのまにか　たくさんの　空気をのみこんでいます。

空気には、「ちっそ」と　いう　ものや「さんそ」と　いう　ものが　入っています。さんそは、胃や　腸から　すこしだけ　からだの中に　とり入れられます。また、ちっそはからだの　中に　とり入れられません。

そのため、のみこんだ　空気の　うち、のこった

ものは そのまま 腸の
中に たまります。
また、腸の 中には、
目に 見えない
「びせいぶつ」と いう
小さな 生きものが
たくさん いて、くさい
ガスを つくっています。

くさい　ガスと、腸の中に　たまっている　空気が　いっしょに　なって、おしりの　あなから　出ると　おならに　なります。

のみこんだ　空気が　口の　ほうに　いって、「げっぷ」に　なる　ことも　あります。

おなかの　中に　いる　たくさんの　びせいぶつの
中には、とくに　くさい　ガスを　つくる　ものも
います。

おなかの　ちょうしが　わるく　なると、くさい
ガスを　つくる　びせいぶつが　ふえる　ため、
いつもより　おならが　くさく　なるのです。

うんちは　どうして　くさいの？

うんちは、とても　くさい　においが　します。においが　するのは、くさい　においの　もとが　入った　ガスが　出ているからです。

けっして、うんちが　小さな　つぶに　なって

はなの 中に 入ってくる
わけでは ありません。
うんちは、 わたしたちが
たべた ものの うち、
えいようとして からだに
とり入れられなかった
のこりかすです。 ほとんどが
水で できていて、

のこりは、腸に　すんでいる　目に　見えない小さな「びせいぶつ」の　しがいや、たべもののかすなどです。でも、これらには　くさい　においはありません。くさい　においの　正体は、ガスです。びせいぶつの　中には、わたしたちが　たべたものの　かすを　たべて、くさい　においの　ガスを出す　ものが　います。

くさい　ガスの　ほとんどは　おならとして

からだの そとに
出されますが、うんちに
まざる ものも あります。
そのため、うんちは
くさく なるのです。

からだを　こすると　あかが　出るのは　どうして？

おふろに　入って　からだを　こすって　あらうと、「あか」が　出ます。毎日　きれいに　あらって　いる　はずなのに、つぎの　日に　なると　やっぱり　あかが　出ます。どうして　からだを　こすると

あかが　出るのでしょうか。

わたしたちの　からだは、「ひふ」に　おおわれています。この　ひふは、ぬののような　一まいの　ものではなく、小さな　「さいぼう」と　いう　ものが　たくさん　あつまって　できています。ひふの　うちがわでは、つぎつぎと　あたらしい　さいぼうが　つくられています。

そして、そとがわの　ふるくなった　さいぼうは

しんでしまい、
「かくしつそう」と　いう
かさなりに　なります。
この　かくしつそうは
水を　すいやすく、
水を　すうと　ふくれて
はがれやすく　なります。
ですから、おふろに　入って

からだを こすると、はがれてしまいます。
こうして はがれた かくしつそうが、あかの正体です。
あたらしく できた さいぼうが あかに なって はがれおちるまでには、だいたい 一か月かかります。わたしたちの ひふは、一か月で あたらしく 入れかわっているのです。

かさぶたは　どうやって　できるの？

けがを　すると、やがて　きず口（ぐち）に　かさぶたが　できます。かさぶたは、はがさずに　そのままに　していると、いつのまにか　かって　に　とれて、けがが　なおって　います。いったい　この

かさぶたは　どうやって　できるのでしょうか。けがを　すると、ひふが　やぶれて　血が出ます。血は、空気に　ふれると　かたまるはたらきが　あります。そのため、そとに　出た血は、しばらくすると　かたまります。これがかさぶたです。

かさぶたには、血が　ながれるのを　とめたり、きず口から　ばいきんが　入るのを　ふせいだり

する　はたらきが　あります。

かさぶたが　きず口を　ふさいでいる　あいだ、かさぶたの　下では、からだを　つくっている　小さな「さいぼう」が、あたらしい　ひふを

けがを　してから　きずが
なおるまで。

つくっています。そして、きずが　なおって
ひふが　もとどおりに　なると、かさぶたは
はがれおちてしまいます。
かさぶたは、きずが　なおるまで　きず口を
しっかりと　まもってくれているのです。

なぜ　歯をみがかないといけないの？

みなさんは、毎日　きちんと　歯をみがいていますか。歯を　みがくのは、ちょっとめんどうだと　おもう　ことも　ありますね。でも、しっかりと　みがかなければ　いけません。歯を

みがくのには　ちゃんと　わけが　あるからです。歯は、とても　かたくて　じょうぶです。しかし、「酸」と　いう　ものに　よわいと　いう　ところが　あります。

歯と　歯の　あいだに　小さな　たべものの　かすが　のこると、口の　中に　いる　ばいきんが、それを　たべはじめます。この　ばいきんは、たべた　かすを　酸に　かえる　はたらきを　します。こうして　できた

酸が　歯を　とかして、
むし歯に　なるのです。
歯の　そとがわは　とても　かたい
「エナメルしつ」と　いう　もので
できています。でも、うちがわの
「ぞうげしつ」と　いう　ところは、
エナメルしつほど　かたく　ありません。
ぞうげしつには、いたさを

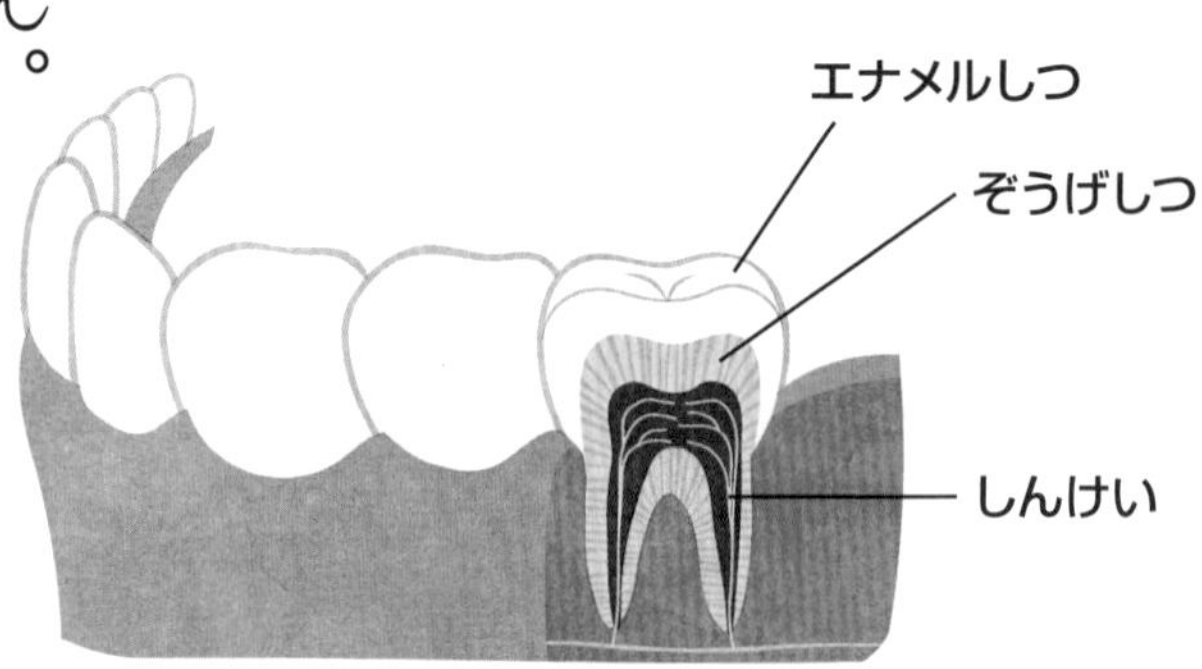

エナメルしつ
ぞうげしつ
しんけい

かんじる「しんけい」と いう ものが あります。そのため、むし歯が ぞうげしつまで ひろがると、いたく かんじます。むし歯が ひどく なると、いたいだけで なく、ばいきんが からだの中まで ひろがって、びょうきに なる ことも あります。

ですから、毎日 歯を みがいて たべものの かすを とりのぞかなければ いけないのです。

まつげは どうして あるの？

まぶたの ふちに 生えている けを「まつげ」と いいます。いったい、まつげは なんの ために 生えているのでしょうか。

目の 玉は、とても やわらかく、手や

かおのように　ひふに　おおわれていない　ため、ごみや　ほこりなどで　かんたんに　きずついてしまいます。まつげは、このような　ごみやほこりなどが　目に　入るのを　ふせいで、目をまもる　はたらきを　しているのです。また、たいようの　ひかりを　さえぎって、まぶしくかんじにくく　する　はたらきも　あります。
まつげは、上の　まぶたには　百から

百五十本ほど、下の
まぶたには　七十から
八十本ほど　生えています。
下よりも　上の　ほうが
おおいのは、ごみや
ほこり、ひかりは
上から　やってくる
ことが　おおい　ためです。

さらに、まつげは　ものを　見る　ときに　じゃまに
ならないように、そとがわに　むかって
そりかえっていて、ながくても
一センチメートルぐらい　までしか　のびません。
それぞれの　まつげは　百日から　百五十日　ぐらいで
ぬけて　生えかわります。

人間(にんげん)には　どうして　しっぽが　ないの？

どうぶつの　しっぽには、いろいろな　はたらきが　あります。たとえば、カンガルーは　からだを　ささえる　ために　しっぽを　つかいます。

ビーバーは、しっぽで　じょうずに　水(みず)を　かいて、

およぎます。また、サルの　なかまには、しっぽを　木(き)の　えだに　まきつけて　木(き)から　おちないように　からだを　ささえる　ものが　います。さらに、ウシは　しっぽを　むちのように　つかって、とんでくる　ハエを　おいはらいます。

　でも、わたしたち　人間(にんげん)には　しっぽが　ありません。わたしたち　人間(にんげん)の　そ先(せん)は、サルの　なかまでした。その　サルの　なかまが、ながい

じかんの　あいだに　すこしずつ　かわって、人間に なったのです。もともと、人間の　そ先には、しっぽが ありました。でも、人間に　なる　とちゅうで 二本足だけで　立って　あるく　ことが できるように　なりました。そして、手を じょうずに　つかう　ことで　しっぽを　つかわなく なったと　かんがえられています。

そのため、ながい　じかんの　あいだに、つかわなく

なった しっぽは なくなったのです。
でも、じつは 人間も、おかあさんの おなかの
中に いる ときは 小さな しっぽが 生えています。
大きく なって、生まれる
ときには なくなっていますが、
おしりの 中には 「びこつ」と
いう しっぽの ほねが
ずっと のこっています。

かがくのびっくり

からだの びっくり 大しゅうごう！

からだに ついて、びっくりする ことを あつめました。

ペットボトル 1本ぶん

＝

ねて いる ときに 出る あせ

500ミリリットル

えっ!?

およそ500ミリリットル

人は おきて いる ときだけで なく、ねむって いる ときにも あせを かきます。ねて いる あいだに かく あせを あつめると、500ミリリットルの ペットボトル 1本ぶんに なります。あつい きせつには、もっと たくさん あせを かきます。さむい きせつに かく あせは、すくなく なります。

小腸は　たべた　ものを　「消化」「吸収」する　ところです。ながいくだが　いくつにも　おりかさなって、おなかの　中に　入っています。おとなの　小腸を　のばしてみると、2かいだての　いえの　たかさ　くらいに　なります。

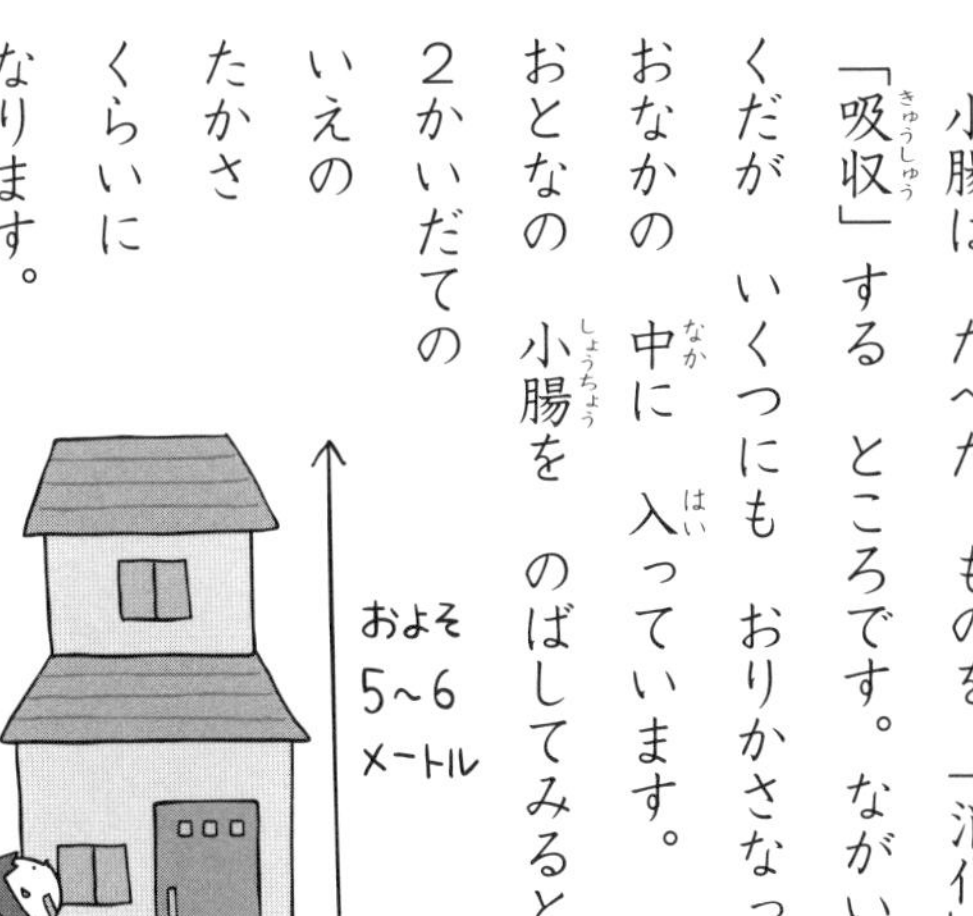

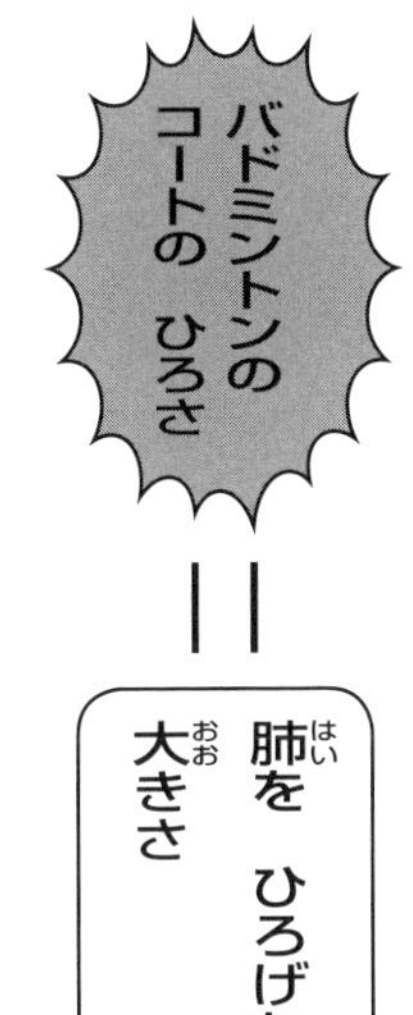

肺は、すいこんだ　空気から、からだに　だいじな　「さんそ」を　血えきに　とりこむ　ところです。一度に　たくさんの　さんそを　とりこむ　ために、小さな　へやが　たくさん　あります。その　へやを　ひろげると、バドミントンの　コートぐらいに　なります。

およそ13メートル
およそ80へいほうメートル
およそ6メートル

かがくのびっくり

からだの なぜ？ どうして？ ちょこっと

からだに ついて、ふしぎな ことを もっと 見てみましょう。

Q 虫の カに さされやすい 人って いるの？

A カは からだから 出る あせの「水じょう気」と「にさんかたんそ」が すきです。あせを かいている 人や たいおんが たかい 人は、カに さされやすいようです。

Q なみだは しょっぱいのに、目に しみないのは どうして？

A なみだには、しおの もとが すこし ふくまれています。しおの もとが おおいと 目に しみますが、ちょうど よい りょうなので、しみないのです。

Q 歯のかたちが いろいろ あるのは なぜ？

A それぞれの 歯の やくわりが ちがうからです。前歯は「切歯」と いって、たべものを かみきる ために あります。おく歯は「臼歯」と いい、たべものを すりつぶします。前歯と おく歯の あいだの とがった 歯は「犬歯」と いい、たべものを きりさく ために あります。

切歯
かみきる
犬歯
きりさく
小臼歯 大臼歯
すりつぶす

Q 右ききと 左ききは どうやって きまるの？

A 右ききか、左ききかは、脳の はたらきと かんけいが あります。脳（大脳）は、右と 左に わかれて います。ふつう、左の 脳が よく はたらく 人は 右きき、右の 脳が よく はたらく 人は 左ききと いわれています。くんれんすれば 左ききから 右ききに なる ことも できますが、つかいやすい ほうの 手を つかうのが いちばんです。

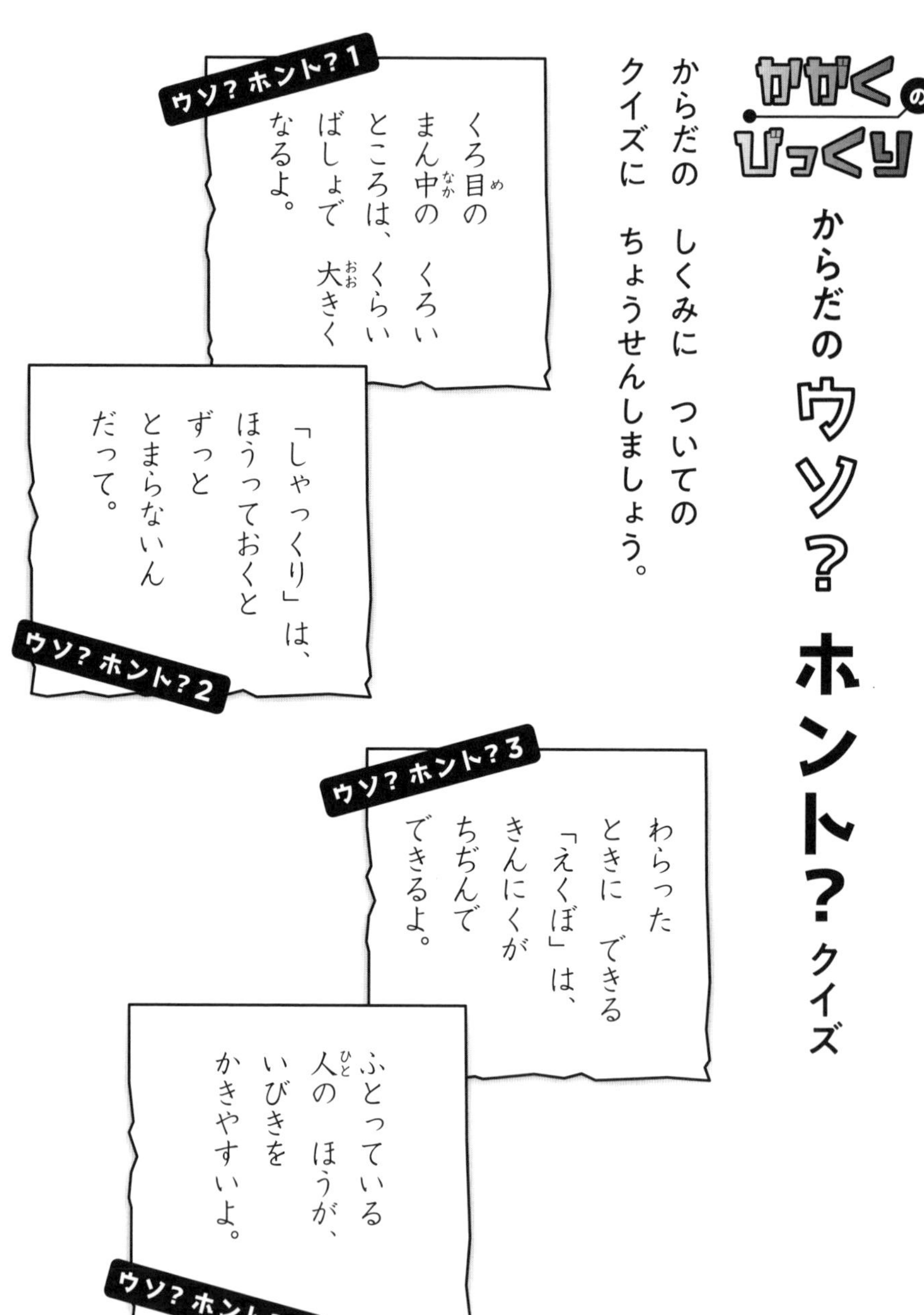

かがくのびっくり
からだのウソ？ホント？クイズ
からだの　しくみに　ついての
クイズに　ちょうせんしましょう。
ウソ？ホント？1
くろ目の　くろい
まん中の
ところは、くらい
ばしょで　大きく
なるよ。
ウソ？ホント？2
「しゃっくり」は、
ほうっておくと
ずっと
とまらないんだって。
ウソ？ホント？3
わらった
ときに　できる
「えくぼ」は、
きんにくが
ちぢんで
できるよ。
ウソ？ホント？4
ふとっている
人の　ほうが、
いびきを
かきやすいよ。

こたえ　①ホント（目に入る　ひかりの　りょうを　ふやす　ため）
②ウソ（ほうっておいても　とまる）　③ホント　④ホント

生(い)きものの　お話(はなし)❶

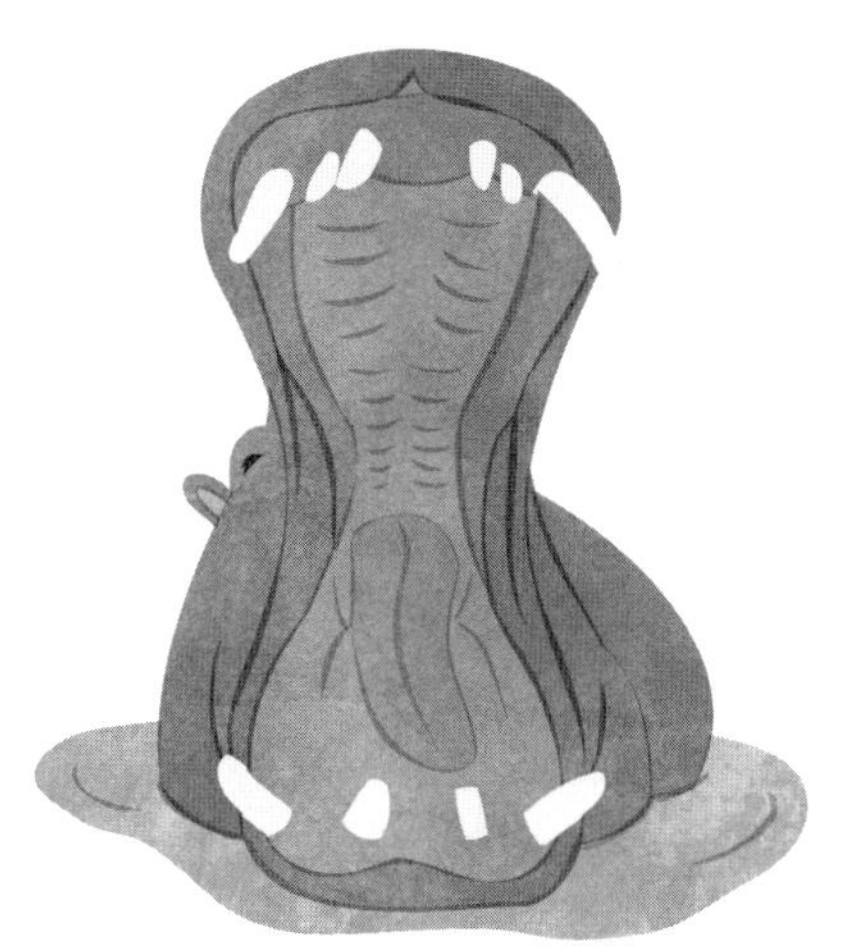

イヌは　どうして　しっぽを　ふるの？

みなさんは、イヌが　どうして　しっぽを　ふるのか　しって いますか。
イヌの　しっぽの　ふりかたは、いろいろと　あります。

よく 見かけるのは、かいぬしが ちかよった ときなどに、しっぽを 立てて 大きく、はやく うごかす ふりかたです。これは、うれしいと いう 気持ちに なっている ことを あらわしています。

また、しっぽを　たらした　まま、小さく　ふっている　ことも　あります。これは、こわい　気持ちに　なっている　しるしです。

このように　イヌは、しっぽの　うごきで　気持ちを　あらわしているのです。

気持ちを　あらわしているのは、しっぽの　ふりかただけでは　ありません。かおや　からだ　ぜんたいでも　あらわします。

口の はしを 上げて 歯を むき出しにし、しっぽを 立てて うなって いる ときは、おこって いる ときです。また、上むきに ねころんで、おなかを 見せるのは あんしんして ゆったりして いる ときや、相手に なでて ほしい ときなどです。

イヌは、もともと　むれで　くらしている
どうぶつでした。でも、イヌは　わたしたち
人間のように、ことばを　つかって　まわりの
なかまに　気持ちを　つたえる　ことは　できません。
そのため、ことばの　かわりに　しっぽや　かお、
しぐさなどで、相手に　気持ちを　つたえるように
なったのです。

ライオンの　たてがみは　なぜ　あるの？

みなさんは、ライオンの　えを　かいた　ことが　ありますか。ライオンの　えを　かく　ときには、ほとんどの　人（ひと）が　あたまの　まわりに　たてがみを　かきます。えを　見（み）る　人（ひと）も、たてがみを　見（み）ると

すぐに　ライオンだと
わかります。でも、じつは
たてがみが　あるのは
おすの　ライオンだけで、
めすの　ライオンや
子どもの　ライオンには
たてがみは　ありません。
なぜ、おすの　ライオンには

たてがみが　あるのでしょうか。

ライオンは、むれを　つくって　くらして　います。むれには、ふつう　おすが　一とうか　二とう　いて、そのほかは　めすと　子どもです。

そのため、むれを　つくって　いない　ほかの　おすの　ライオンは、むれの　リーダーである　おすの　ライオンを　おい出して、じぶんが　むれの　リーダーに　なろうと　かんがえて　います。

リーダーは、むれを
おい出されないように、
ほかの　おすの　ライオンに
「おれは　つよいんだぞ」と
わからせなければ
なりません。そこで
ライオンは　からだの
大きさや、りっぱな　たてがみで、

じぶんの　つよさを　ほかの　ライオンに　わからせていると　いわれています。ある　けんきゅうでは、たてがみが　りっぱな　おすほど、めすに　人気が　あると　いう　けっかが　出たそうです。

また、リーダーに　なると、からだが　かわり、くろくて　りっぱな　たてがみに　なる　ことも　あります。

キリンの　首はどうして　ながいの？

キリンは、首が　とても　ながい　どうぶつです。どうして　あんなに　ながいのでしょうか。

大むかしの　キリンは、もともと　アフリカの　森の中に　すんでいました。そのころの　キリンの　首は

いまほど　ながく　ありませんでした。
やがて、この　キリンは、森を　出て　草原で
くらすように　なりました。とおくまで　よく
見わたせる　草原では、てきに　おそわれやすく
なります。そのため、てきを　早く　見つけて
にげるには、首が　ながい　ほうが　べんりです。
首が　みじかい　キリンは　てきに　おそわれて
かずが　へりましたが、首が　ながい　キリンは

あまり　おそわれずに　すんだので　かずが
へりませんでした。こうして、ながい　じかんの
あいだに　キリンの　首（くび）は　すこしずつ
ながく　なったと
かんがえられています。

首（くび）が　ながいと、ほかの
どうぶつが　たべる
ことが　できない　たかい

木の はを たべる ことも できます。また、あしも ながい ため、首が みじかいと じめんの 水を のみにくく なります。でも、首が ながければ 立った まま かんたんに のむ ことが できます。

もし、首が ながく ならなかったら、キリンは 生きのこる ことが できずに、ぜんぶ しんでいたかも しれません。キリンに とって、ながい 首は、なくては ならない ものなのです。

カバの　口(くち)は　どうして　大(おお)きいの？

どうぶつえんに　いる　カバは、いつも　水(みず)の　中(なか)で　ゆったりと　気持(きも)ち　よさそうに　して　います。

カバは、大(おお)きな　ものでは　からだの　ながさが

じどうしゃの ながさと おなじくらい あります。おとなの カバの 口は 上下に とても 大きく ひらく ことが でき、小学一年生なら、すっぽりと 口の 中に 入ってしまいます。

カバの 口が 大きいのは くいしんぼうだからでしょうか。カバの 口は たしかに 大きく ひらくのですが、口の おくは とても せまく なっています。そのため、一度に

たくさんの　たべものを　口に　入れても、そのまま　のみこむ　ことは　できません。口が　大きいのは　くいしんぼうだからでは　ないのです。

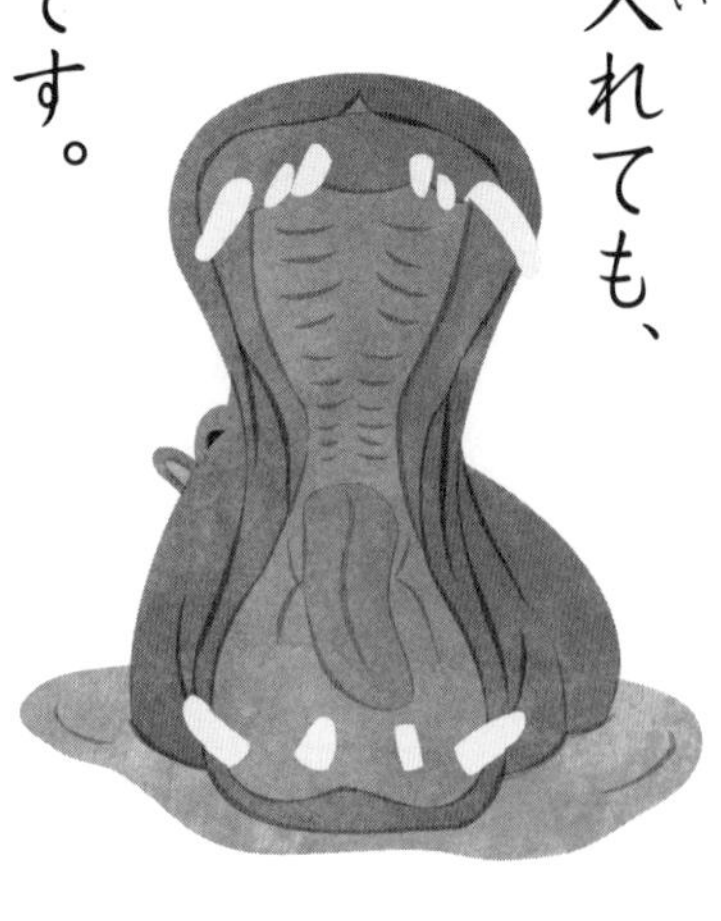

カバの　すんでいる　アフリカには、ライオンなどの　てきが　たくさん　います。カバは、てきに　おそわれないように、ひるまは　ほとんど　水の　中で　くらしています。でも、カバは　えさに

なる 草を たべる ために、ときどき りくに上がります。このとき、もし てきに おそわれたら、どうするでしょう。

カバは、口を 大きく あけ、大きな きばを見せて、おどかします。すると、相手はびっくりして、おそうのを あきらめます。

カバの 口が 大きいのは、てきを おどかして、みを まもる ためなのです。

サルの　おしりは　どうして　赤い(あか)の？

どうぶつえんなどで　よく　見(み)かける　サルの　おしりは、赤(あか)い　いろを　して　います。むかし話(ばなし)などにも、サルの　おしりが　赤(あか)い　わけが　出(で)てくる　ことが　あります。

わたしたちが　よく　しっている　おしりの　赤い　サルは、ニホンザルです。ニホンザルは、日本だけに　すんでいる　サルです。ニホンザルの　おしりは　赤い　いろを　していますが、せかいの　サルを　しらべてみると、じつは　おしりの　赤く　ない　サルの　ほうが　おおいのです。

では、いったい　なぜ　ニホンザルの　おしりは　赤いのでしょうか。

　ニホンザルは、人間と　おなじように　いろを見わける　ことが　できます。みどりの　森の　中で、おしりの　赤は　とても　目立ちます。そのため、なかまを　見わける　目じるしに　なるとかんがえられています。

　また、子どもを　つくる　ころに　なると、おすのおしりは　いつもよりも　赤く　なります。そして、おしりの　赤い　おすほど、めすに　もてます。中でも、

むれの リーダーである
おすの おしりや かおは、
とても 赤く なります。
そのため、おすの 赤い
おしりは、「おれは
つよいんだぞ！」と まわりの
サルに しらせる 目じるしにも
なっているのでしょう。

あか
赤くてすてき♡
あっ、リーダーだ
リーダーだ！
リーダーだ

どうぶつたちの　すがたを　いきいきと　えがいた

シートン

（一八六〇年～一九四六年）

シートンは、しぜんの　中で　くらす　どうぶつたちの　すがたを　えがいた『シートンどうぶつき』と　いう　本を　かいた　人です。

シートンは、いまから
百六十年ぐらい まえに、
イギリスで 生まれました。
シートンは、小さな ころから
どうぶつが 大すきでした。
三さいの ときには、はなしがいに
されている ヒツジを いえに
つれて かえろうと したほどでした。

六(ろく)さいの　とき、シートンと　かぞくは
カナダに　ひっこします。おとうさんが　はたけを
つくって　はたらく　ことに　したのです。
カナダに　いった　シートンは、ひろい　森(もり)や
草原(そうげん)に　おどろきました。そして、大(だい)すきな
どうぶつたちが　たくさん　いる　ことを、とても
よろこびました。

シートンは、しぜんの　中(なか)で　のびのびと

たのしく　そだちました。でも、
はたけの　しごとは　とても
たいへんだったので、
おとうさんは
つかれてしまいました。

シートンが　十さいの　とき、
はたけで　はたらく　ことを
あきらめた　おとうさんは、

シートンたちを　つれて　とかいに　ひっこしました。
しかし、シートンは　いなかでの　たのしい
くらしが　わすれられません。
まいしゅうのように　とおくの
森(もり)に　出(で)かけては、どうぶつを
かんさつしたり、木(き)を　つかって
小屋(こや)を　つくったり、えを
かいたり　して　すごしました。

シートンは、おとなに なったら、どうぶつの からだや くらしを しらべる どうぶつ学者(がくしゃ)に なろうと おもっていました。でも、えが とても じょうずだったので、おとうさんは シートンに えの べんきょうを する ことを すすめました。

シートンは、イギリスに　いって　えを
べんきょうする　学校に　入り、えの　れんしゅうを
しながら、どうぶつの　かんさつも
つづけました。そして、
二十三さいの　ときに
アメリカに　いって　どうぶつの
えを　かく　えかきとして
はたらくように　なりました。

シートンの　えは　とても　じょうずだったので
大（だい）ひょうばんに　なりました。
三十三（さんじゅうさん）さいの　とき、シートンは　ともだちから
「ぼくじょうの　ウシが　おすの　オオカミに
おそわれるので、たいじしてほしい。」と
たのまれました。シートンは、どうすれば　おすの
オオカミを　つかまえる　ことが　できるか、
いっしょうけんめい　かんがえました。そして、おすの

オオカミと　いっしょに　いる　めすの　オオカミを

つかまえて、おすを　おびきよせる

ことに　しました。めすの　オオカミは

しんでしまいましたが、けいかく

どおりに　おすの　オオカミを

つかまえる　ことが　できました。

でも、つかまえた　おすの

オオカミは、シートンが　えさを

あげても たべようと しません。その すがたは、
まるで めすの オオカミが しんでしまった
ことを かなしんでいるようでした。
おすの オオカミは、やがて めすの オオカミの
あとを おうように
しんでしまいました。
なかまを おもう オオカミの
やさしさに かんどうした

シートンは、しんでしまった　オオカミの　ことを
かんがえながら　「オオカミ王　ロボ」と　いう
お話を　かきました。
そして、ほかにも　おおくの
どうぶつの　お話を　かき、
『シートンどうぶつき』と
いう　本に　まとめました。
しぜんの　中に　生きる

どうぶつたちの　すがたを、生き生きと　えがいた『シートンどうぶつき』は、とても　ひょうばんになりました。

いまでは、『シートンどうぶつき』は　せかい中にひろまり、おおくの　子どもたちに　よまれています。

かがくのびっくり

どうぶつ いちばん 大しゅうごう！

どうぶつに ついての さまざまな いちばんを あつめました。

いちばん

オオアリクイ

したの ながさ 60センチメートル

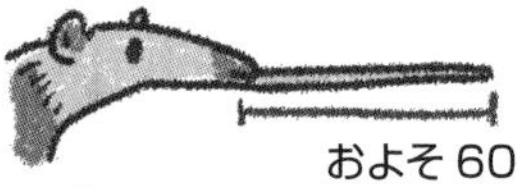

およそ 60 センチメートル

およそ 45 センチメートル（小学１年生の うで）

オオアリクイは、南アメリカ大りくに すむ ほにゅうるいです。歯が なく、したで、アリや シロアリを すくって たべます。アリは 土で つくった 小さな 山のような 「アリづか」に すんでいます。アリづかに したを つっこんで アリを たべる ため、したが ながいのです。

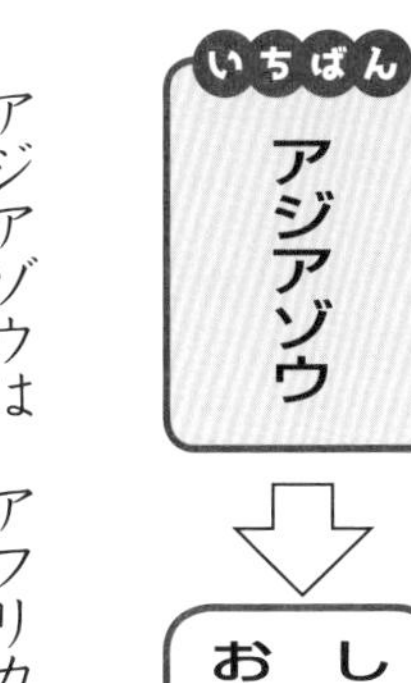

いちばん
アジアゾウ
しっぽの ながさ
およそ1.5メートル

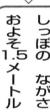

アジアゾウは アフリカゾウより すこし 小さい ゾウですが、アフリカゾウより ながい しっぽを もっています。気分の よい ときや こうふんしている とき、ハエを おいはらう ときなどに しっぽを ふります。

およそ 1.5 メートル

いちばん
ヘラジカ

つのの はば
およそ2メートル

ヘラジカの つのは、左右に 大きく えだのように ひろがっています。つのの はばは 大きい もので およそ 2メートルです。おもさは 2本 あわせると、小学4年生の たいじゅうよりも おもくなります。大きな つのは、おすの つよさの しるしです。

かがくのびっくり

生きもののなぜ？どうして？ちょこっと①

生きものに ついての 小さな ぎもんに こたえます。

Q ウサギも あせを かくの？

A 人は あせを かいて からだの ねつを 下げますが、ウサギは あせを かきません。ながい 耳に ある 血かんに かぜを あてて、からだの ねつを 下げています。

Q キリンは どんな こえで なくの？

A キリンは あまり なきません。おなかが すいた ときや、めすと おすが よびあう ときなどに なく ことが あります。「ブーブー」や 「ピルルー」などの こえを 出します。

Q ラクダが 一度に のめる 水の りょうは？

A ラクダは、ぎゅうにゅうパック100本ぶん（100リットル）を こえる たくさんの 水を 一度に のむ ことが できます。ラクダの すむ さばくには、ほとんど 水が ありません。それで、水の ある ときに できるだけ たくさん のんでおけるように なったのです。

Q カモノハシは とりの なかまなの？

A カモのような くちばしが ある カモノハシは、とりの なかまのように 見えます。けれども、カモノハシは たまごから 生まれた 赤ちゃんを おちちで そだてる ほにゅうるいの なかまです。大むかしの どうぶつの 生きのこりと かんがえられています。

かがくのびっくり

生きもののウソ？ホント？クイズ①

生きものに ついての クイズに ちょうせん！ ぜんぶ わかりますか。

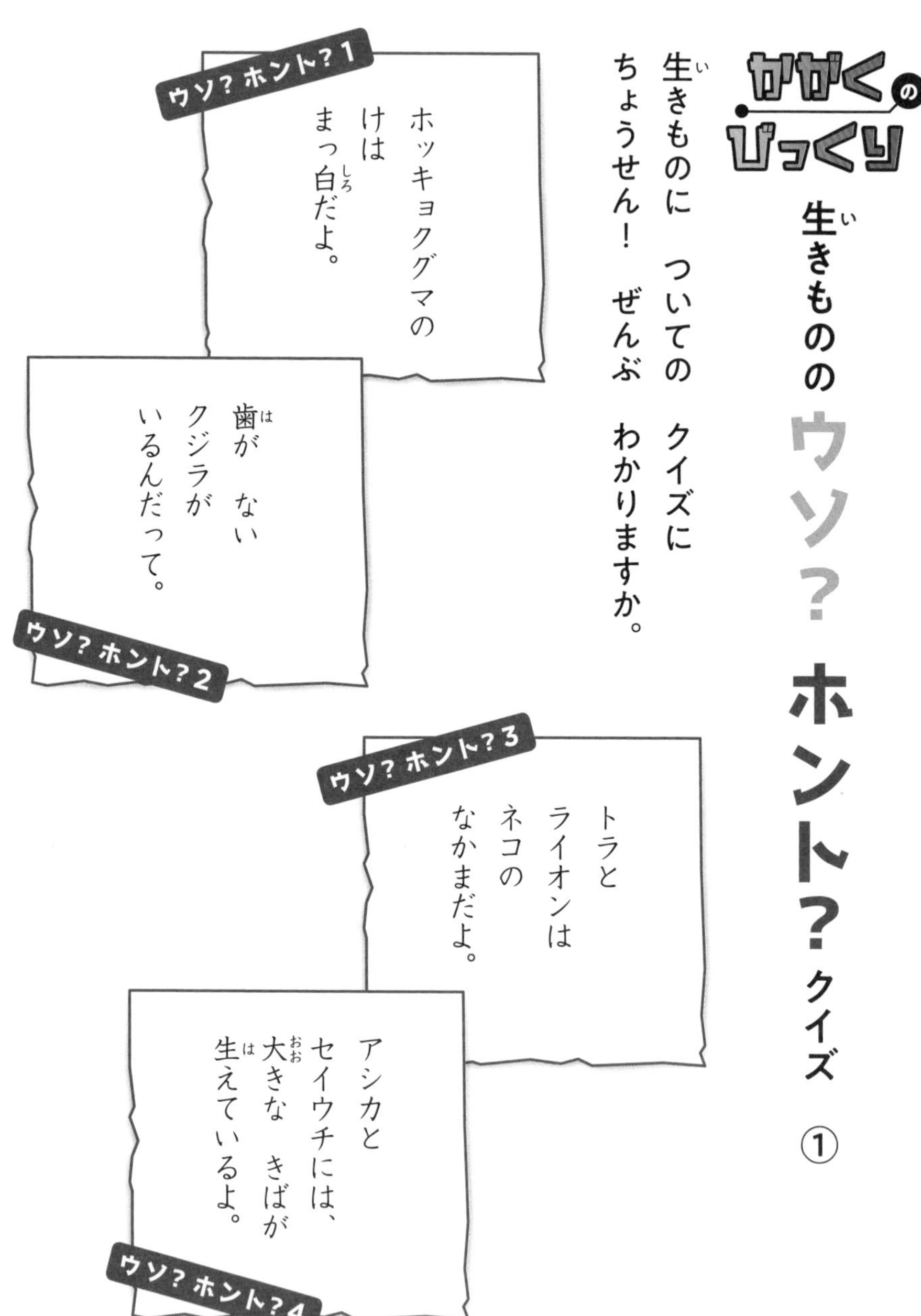

ウソ？ホント？1
ホッキョクグマの けは まっ白だよ。
ウソ？ホント？2
歯が ない クジラが いるんだって。
ウソ？ホント？3
トラと ライオンは ネコの なかまだよ。
ウソ？ホント？4
アシカと セイウチには、大きな きばが 生えているよ。

こたえ ①ウソ（白では なく、とうめい） ②ホント（ヒゲクジラには 歯が ない） ③ホント ④ウソ（大きな きばが あるのは セイウチだけ）

郵便はがき

料金受取人払郵便

大崎局承認

8869

差出有効期間
令和4年7月6日
まで（切手不要）

141-8790

102

東京都大崎郵便局
私書箱第67号

㈱学研プラス
小中学生事業部
図鑑・辞典編集室

「なぜ？どうして？
科学のぎもん」係行

●アンケートのお願い
裏面のアンケートにご記入の上、投函してください。下は、必ずしもご記入いただかなくてもけっこうです。

●ご住所　〒□□□-□□□□
（都・道・府・県）

●お電話番号　（　　　　）

●ご購入された方のお名前

●お読みいただいた方のお名前

◆お寄せいただいた個人情報に関するお問い合わせは（株）学研プラス　小中学生事業部図鑑・辞典編集室（電話03-6431-1617）までお願いいたします。当社の個人情報保護については当社ホームページ https://www.gakken-plus.co.jp/privacypolicy/ をご覧ください。

※今後の企画の参考のため、アンケートにご協力をお願いします。

a. お読みいただいた方の学年・性別を教えていただけますか？

小学（　　　　）年生　　　男・女・回答しない

b. この本をお求めいただいた理由は何ですか？ ※あてはまるもの4つまで

1. 内容がおもしろそう　2. 表紙が楽しそう　3. 短くて簡単に読めそう
4. 勉強に役立ちそう　5. 学習指導要領に対応しているから
6. 学校の朝の読書用として　7. 広告やチラシを見て　8. 学年別だから
9. 巻頭のカラーページ「かがくのなぜ?」があるから
10. 値段が手ごろ　11. お話がたくさん入っている　12. さし絵が多い
13. プレゼントでもらった　14. 人にすすめられて　15. このシリーズが好きで
16. その他 [　　　　　　　　　　　　　　　　　　　　　　　　]

c. この本を選んだのは、どなたですか？

1. お子さまご本人　2. 母　3. 父　4. 祖父母　5. その他（　　　　　　　　）

d. この本の感想について、あてはまるものに○をつけてください。

1. 内容は？　（ア．おもしろい　イ．ふつう　ウ．おもしろくない）
2. レベルは？（ア．やさしい　イ．ちょうどよい　ウ．むずかしい）
3. お話の数は？（ア．多い　イ．ちょうどよい　ウ．少ない）
4. おもしろかったお話は？（ページ数をお書きください）
（　　　　　　）（　　　　　　）（　　　　　　）
5. つまらなかったお話は？（ページ数をお書きください）
（　　　　　　）（　　　　　　）（　　　　　　）
6. さし絵がよかったお話は？（ページ数をお書きください）
（　　　　　　）（　　　　　　）（　　　　　　）

e. よみとく10分シリーズで、ほかにお持ちの本がありましたら、そのタイトルをお書きください。

[　　　　　　　　　　　　　　　　　　　　　　　　　　　　]

f. このシリーズ以外で、最近お子様が好きな本のタイトルをお書きください。

※何冊でもどうぞ

[　　　　　　　　　　　　　　　　　　　　　　　　　　　　]

g. 今後どんなテーマのお話が読みたいですか？　ご自由にお書きください。

『なぜ？どうして？かがくのぎもん1年生』　　　　ご協力ありがとうございました。

生(い)きものの　お話(はなし)❷

タンポポの　たねは　どうして　とぶの？

タンポポは、きいろい　花を　さかせます。
でも、じかんが　たつと、いつのまにか
白い　ふわふわの　玉のように　なります。
そして、白い　玉に　いきを　ふきかけると、

たくさんの　わたのような　けに　わかれて、
ふわふわと　とんでいきます。
わたのような　けの　下を　よく　見ると、小さな
ちゃいろい　つぶが　ついています。この　つぶは、
花から　できた　タンポポの　「たね」です。
タンポポは、どうぶつとは　ちがい、はしったり
あるいたり　できないので、じぶんで　ほかの
ばしょに　いく　ことが　できません。

ですから、もし、たねが
じぶんの　まわりに　ばかり
おちたら、タンポポは
くらす　ばしょを
ひろげる　ことが　できません。
そこで、たねに　わたのような
けを　つけて　かぜに
とばしてもらう　ことで、できるだけ

とおくに おちて、じぶんの
なかまが いろいろな ばしょで
そだつように して いるのです。
たねを とおくに おとす
くふうを して いる 草や 木は、
タンポポだけでは ありません。
オナモミと いう 草の
たねには、小さな とげが

たくさん ついています。この とげで どうぶつの けや わたしたちの ふくに くっついて、たねを とおくに はこんでもらうのです。

また、木の みの 中に ある たねは、木の みと いっしょに とりに たべられると、とおく はなれた ばしょで とりの ふんと いっしょに 出されます。そして、ふんが おちた ばしょで 「め」を 出し、そだつのです。

サクラの 花から サクランボが できるの？

サクランボは あまずっぱい あじの する くだものです。みなさんは、サクランボは サクラの 木に なると おもっていませんか。

サクランボには、「サクラ」と いう 名前がついていますが、　はるに　なると　こうえんや　学校などで　花が　さく　あの　サクラの　木の　みでは　ありません。サクランボが　なる　木は、　サクラに　ちかい　なかまの　「セイヨウミザクラ」と　いう　木です。

セイヨウミザクラ

ソメイヨシノ

ミザクラの 木は、花が さいた あと
サクランボが できます。
こうえんなどで よく 見かける サクラの 木は、
「ソメイヨシノ」と いう サクラです。
ソメイヨシノは、むかしの 日本人が 花を 見て
たのしむ ために、「エドヒガン」と いう サクラと
「オオシマザクラ」と いう サクラを あわせて
つくった 木です。

ふつう、ソメイヨシノは　花(はな)が　さいても
たねも　みも　できませんが、ときどき
サクランボに　よく　にた　みが　できる　ことも
あります。でも、サクランボよりも　小(ちい)さく、あじも
とても　すっぱいので、たべても　おいしく
ないのです。

チョウは　どうして　花に　あつまるの？

花だんなどには、たくさんの　チョウが　あつまります。チョウは、花が　大すきです。チョウの　たべものは、さとう水のように　あまい　花の　「みつ」です。だから、チョウは　みつを

たべる　ために　花に　あつまるのです。
あまい　みつは、花の　おくから　出ています。
そこで、花に　とまった　チョウは、ストローのような
ながい　口を　のばして
花の　おくに　入れ、あまい
みつを　じょうずに　すいます。
ところで、どうして　花には
みつが　できるのでしょう。

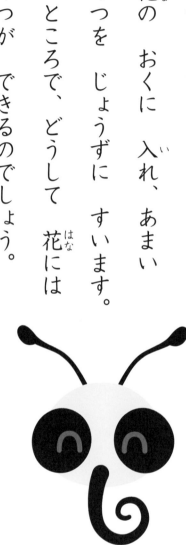

花の　中には、「花ふん」と　いう　こなを　つくる　「おしべ」と、たねを　つくる　「めしべ」が　あります。おしべの　花ふんが、めしべに　つくと、めしべの　ねもとが　ふくらんで　たねに　なります。

でも、花は　うごけないので　じぶんで　めしべに　花ふんを　つける　ことが　できません。そこで、虫たちの　力を　かります。

花が　みつを　出すと、あまい　においに

さそわれて、チョウなどの　虫たちが　やってきます。
そして、虫が　みつを　すおうと　花に　とまると、
あしや　からだに　花ふんが　つきます。花ふんが
ついた　虫は、しらずに　花から　花に　とびまわり、
めしべに　花ふんが　つきます。こうして、花は
たねを　つくる　ことが　できるのです。
花の　みつは、虫たちを　よびよせる　ための
どうぐなのです。

カブトムシに つのが あるのは どうして？

カブトムシは、大き(おお)な つのを もって います。
でも、つのを もって いるのは おすの カブトムシだけで、めすの カブトムシは つのを もって いません。

おすの　カブトムシは、けっこん相手(あいて)に　なる　めすを　うばいあう　ために、ほかの　おすと　たたかう　ことが　あります。たたかう　ときに、相手(あいて)を　おしたり、なげとばしたり　する　ために　つのを　つかいます。

でも、カブトムシが　つのを　つかうのは、めすを　うばいあう　ときだけでは　ありません。カブトムシの　たべものは、木(き)から　出(で)る　しるです。

クワガタムシや　カナブン、チョウなども、木から　出る　しるが　大すきです。しるが　出ている　ところには　たくさんの　虫が　あつまり、しるを　うばいあう　ことも　あります。

カブトムシは、ふとくて　つよい　あしで　木に　しがみつき、かたくて　大きい　からだや　つので　ほかの

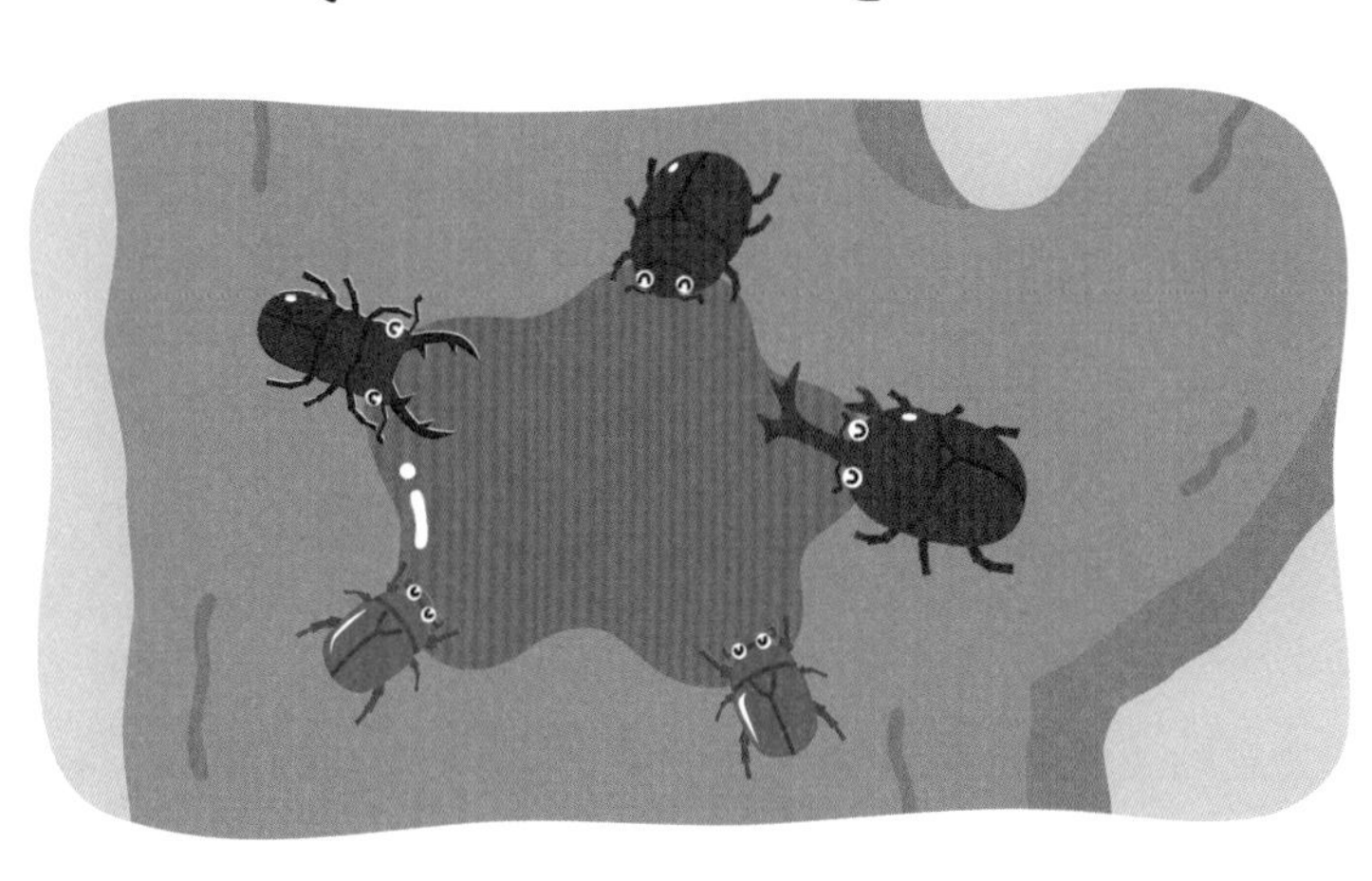

虫を　おいはらって、しるを　ひとりじめします。

ほとんどの　虫は、カブトムシが　きただけで　にげてしまいますが、クワガタムシなどは　にげないで、カブトムシと　たたかう　ことも　あります。でも、ほとんどの　ばあい、かつのは　大きな　つのを　もっている　カブトムシです。

カブトムシの　つのは、めすや　たべものを　うばいあう　ときに　やくに　立っているのです。

さかなは　なぜ　水の　中でも　ずっと　目を　あけているの？

さかなは、水の　中で　ずっと　目を　あけています。目を　とじたり、まばたきを　したり　する　ことは　ありません。いったい、なぜでしょうか。

わたしたちの　目の　玉の　そとがわは、

「ねんまく」と　いう　まくで　できています。
ねんまくは、かわくと　いたんで　しまいます。
そのため、目の　上に　ある　「るいせん」と　いう
ところから　いつも　すこしずつ　なみだが　出て、
目が　かわかないように　なっています。
でも、なみだは　そのままでは　目の　ぜんたいに
まんべんなく　ひろがる　ことが　できません。
そこで、わたしたちは　まぶたを　とじたり

ひらいたり して まばたきを する
ことで、なみだが 目の ぜんたいに
ひろがるように して います。
また、ねむる ときには、目が
かわかないように、まぶたを
とじた ままに します。
さかなの 目の そとがわも
ねんまくで できて います。

でも、さかなが　すんでいる　水の　中では、目が　かわく　ことは　ありません。そのため、さかなには　まぶたが　なく、まばたきを　する　ことも　ありません。

さかなは、まぶたが　ないので、ねむる　ときも　目を　あけたままです。ねむっている　とき、目は　あいていますが、脳の　はたらきは　にぶく　なっているので、見える　ものは　気に　なりません。

とりは どうして 空(そら)を とべるの？

とりは、むかしから とりだった わけでは ありません。きょうりゅうの なかまが すこしずつ すがたを かえ、とりに なったと いわれて います。

とりが　まだ　きょうりゅうだった　ころ、地上では　つよい　きょうりゅうが　ほかの　きょうりゅうを　おそっていました。つよい　きょうりゅうに　おそわれない　ためには、地上を　にげまわるより、水の　中や　空に　にげる　ほうが　あんぜんです。そのため、ある　きょうりゅうは　じょうずに　およぐように　なり、ある　きょうりゅうは　空を　とぶ　ことが　できるように　なりました。

とりの つばさは はねで できています。はねは、ほそい けが かさなりあって とても かるく なっています。また、ほねも 中が 空に なっています。

見た目よりも ずっと かるい ほねと かるく 大きな つばさの おかげで、とりは じょうずに とぶ ことが できるのです。

かってきた　たまごを　あたためても　ひよこが　生まれないのは　どうして？

ニワトリなどの　とりは、たまごで　子どもを　生みます。ふつう、ニワトリの　たまごは　おやどりが　あたためると、三しゅうかんぐらいで　ひなが　かえります。

でも、おみせで かった たまごは、いくら あたためても ひなが かえる ことは ありません。わたしたち 人間の ばあい、おとうさんと おかあさんが きょうりょく しあう ことで、子どもが 生まれます。おかあさん だけでは、子どもが 生まれる ことは ありません。

ニワトリは めすだけでも たまごを 生む ことが できます。でも、めすだけで 生んだ たまごから、

ひなが　かえる　ことは
ありません。ひなが
生まれない　たまごを
「むせいらん」と　いいます。
おすと　めすを　いっしょに
すると、おすと　めすが　きょうりょく　しあって、
ひなが　生まれる　たまごを　生みます。ひなが
生まれる　たまごを　「ゆうせいらん」と　いいます。

おみせで うっている たまごは、おすの いない ばしょで かわれている めすが 生んだ むせいらんです。だから、ひなが 生まれる ことは ないのです。でも、ときどき ゆうせいらんが まじっている ことが あります。

ゆうせいらんは、とくべつな きかいで ひかりに すかして 見ると、血が とおる 「血管」と いう ほそい くだが 見えるので わかります。

かがくのびっくり

しょくぶつ いちばん 大しゅうごう！

さまざまな しょくぶつの いちばんを あつめました。

いちばん

セコイア

木の たかさ
およそ 100メートル

アメリカの セコイアと いう 木は、スギの なかまで、まっすぐに のびる 木です。木の たかさが 100メートルを こえる ことも あります。木の 中には ねんれいが、千5百年から 2千年ほどと かんがえられる ものも あります。

20かいだての
ビルより
たかい！

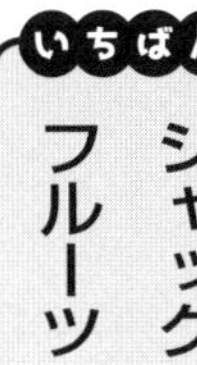

木（き）の　みの　ながさ
およそ　70センチメートル

ジャックフルーツは、インドなどの　あつい　ところで　そだちます。ながさは　およそ　70センチメートル、はばは　およそ　40センチメートルも　あります。子（こ）どもの　あたま　2つぶんほどの　大（おお）きさです。

いちばん

オオミヤシ

たねの　ながさ
およそ　30センチメートル

オオミヤシは、インド洋（よう）の　しまに　生（は）えている　ヤシの　なかまです。みが、大（おお）きく　なるまでに　7年（ねん）ほど　かかります。人（ひと）の　おしりのような　かたちを　した　たねは、ながさが　およそ　30センチメートル。サッカーボール　くらいの　大（おお）きさです。

かがくのびっくり

生きものの なぜ？ どうして？ ちょこっと②

生きものに ついての 小さな ぎもんに こたえます。

Q イクラは なんの たまご？

A イクラは サケの たまごです。サケは 川で 生まれて うみで 大きく なり、川へ もどり たまごを 生みます。めすが 生む まえの たまごを とった ものが イクラです。

Q ガラガラヘビは どこで 音を 出すの？

A ガラガラヘビの しっぽは、立てて 左右に ふると、ガラガラと なります。ガラガラヘビには どくが あります。音は 「ちかづくな」と いう あいずです。

Q ヒマワリは どうして たねが たくさん できるの？

A ヒマワリは １つの 花に 見えますが、じつは、たくさんの 小さな 花が あつまって できています。花びらと、うちがわの ちゃいろの 小さな つぶの １つ １つが 花です。たねに なるのは ちゃいろの つぶで、一度に およそ 千つぶから ３千つぶの たねが できる ことも あります。

Q タケノコは どうして はやく 大きく なるの？

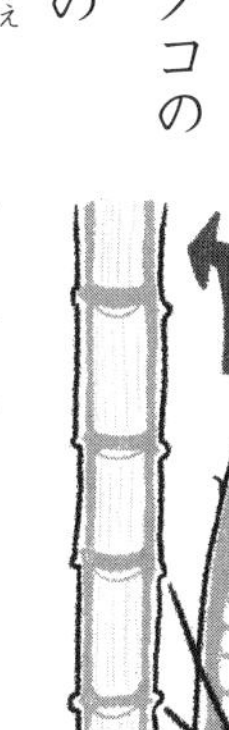

A タケノコの それぞれの ふしの 上には、どんどん 大きく なる ところ（成長点）が あります。ふしと ふしの あいだが ぐんぐん のびるのです。タケノコは １日に およそ １メートルも のびる ことが あります。

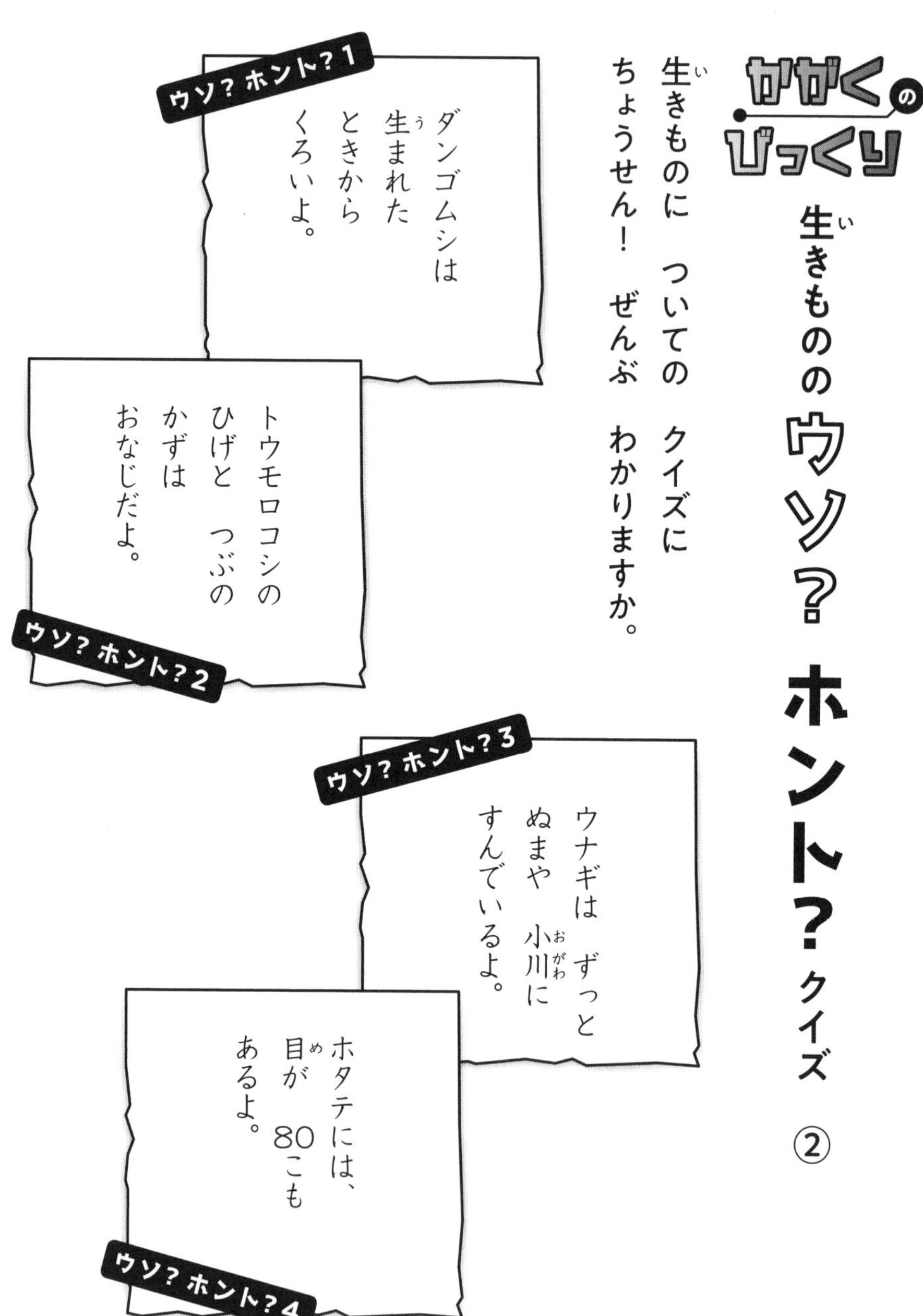

かがくのびっくり
生きもののウソ？ホント？クイズ②
生きものに　ついての　クイズに
ちょうせん！　ぜんぶ　わかりますか。
ウソ？ホント？1
ダンゴムシは
生まれた
ときから
くろいよ。
ウソ？ホント？2
トウモロコシの
ひげと　つぶの
かずは
おなじだよ。
ウソ？ホント？3
ウナギは　ずっと
ぬまや　小川に
すんでいるよ。
ウソ？ホント？4
ホタテには、
目が　80こも
あるよ。

こたえ　①ウソ（白い）　②ホント（ひげと　つぶは　それぞれ　つながっている）
③ウソ（たまごを　生む　ために　うみに　出る）　④ホント

みの　まわり・たべものの　お話（はなし）

おもちを　やくと　ぷくっと　ふくらむのは　なぜ？

おもちは、やいて　しょうゆを　つけたり、おしるこに　入れたり　して　たべると、とても　おいしいですね。

おもちを　やくと、やく　まえには　かたかったおもちが、やわらかく なって ぷくっと ふくらみます。なぜでしょうか。

おもちは、「もち米」と いう お米から つくられます。お米は、おもに「でんぷん」と いう ものから できているので、おもちにも たくさんの でんぷんが 入っています。つめたい ときには でんぷんの つぶと つぶとが しっかりと くっつきあっているので、やわらかく ありません。

でも、にたり　やいたり　して　あつく　なると、
つぶと　つぶとが　はなれて、おもちの　中に
あった　水が　つぶの　あいだに
入って　いきます。そのため、
とても　やわらかく　なるのです。
おもちの　中に　入って　いる
水は、もっと　あつく　なると
「水じょう気」と　いう　目に

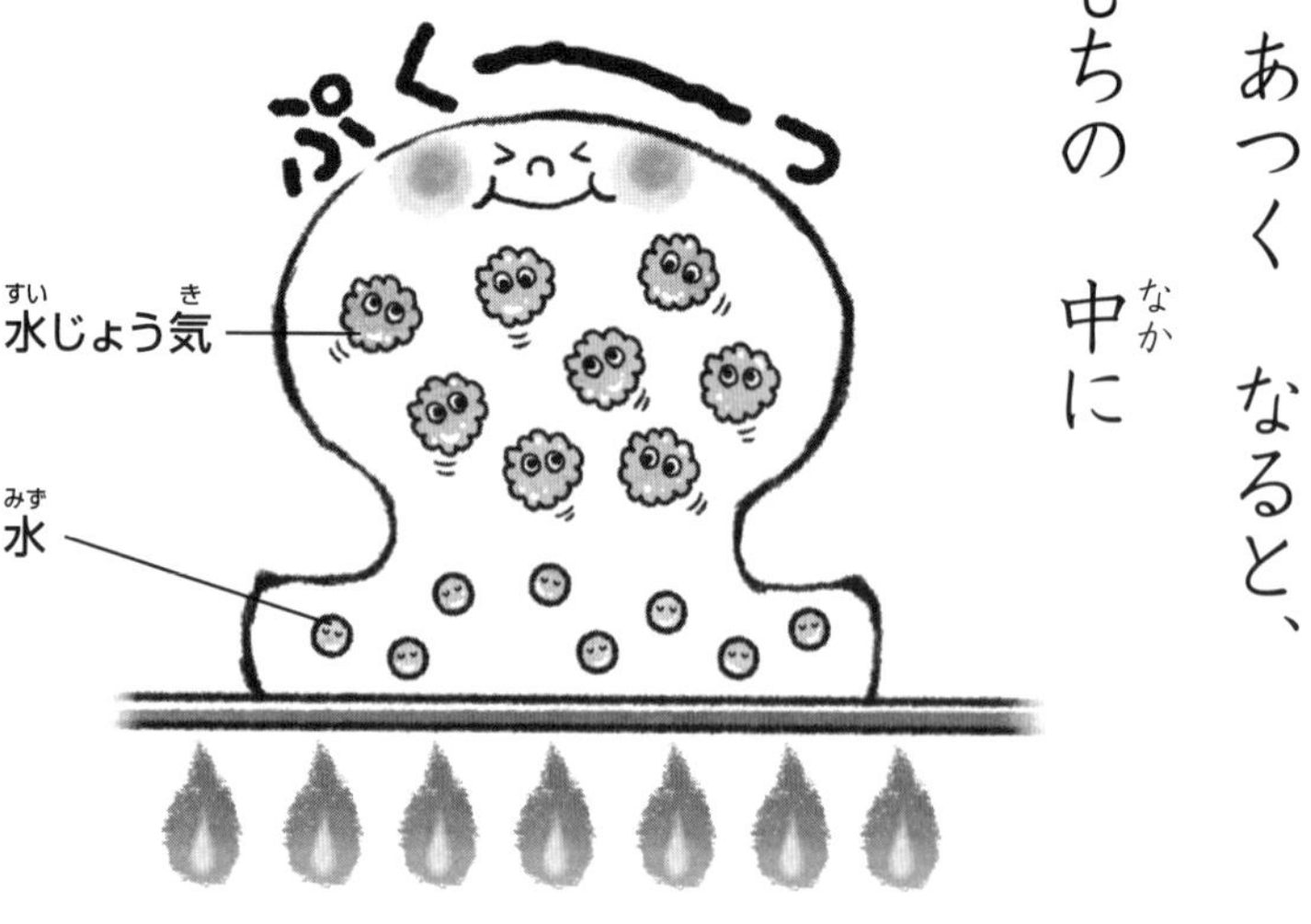

見えない　小さな　水の　つぶに　かわります。
水は、水じょう気に　なると、とても
ふくらむので、おもちの　うちがわから　おもちを
おします。すると、やわらかく　なった　おもちが
ぷくっと　ふくらむのです。
あつい　ときには　やわらかい　おもちですが、
さめると　また　つぶと　つぶとが　しっかりと
くっついてしまうので、かたく　なります。

アイスは　どうして、こおっているのにやわらかいの？

アイスクリームは、ほうっておくととけてしまいます。とけてしまうのは、こおっている　たべものだからです。

でも、こおりと　ちがって、アイスクリームは

かたく　ありません。
なぜでしょうか。
アイスクリームは、
ふつうの　こおりと　ちがって、
かきまぜながら　こおらせて
つくります。かきまぜていると、
そのまま　こおる　ときのような
大(おお)きな　かたまりに　ならず、

小さな　つぶに　なりながら
こおります。
そのため、アイスクリームは
こおっているのに
やわらかいのです。
また、こおりの　つぶと
つぶの　あいだには、
アイスクリームの　もとの

中に　入っている　「しぼう」と　いう　ものの
つぶや、空気の　あわなどが　入ります。
しぼうの　つぶや　空気の　あわは　つめたさを
つたえにくい　ため、アイスクリームを　口に
入れた　ときに　つめたく　かんじにくく　なります。
だから、こおりのように　きゅうに　つめたく
かんじる　ことが　ありません。

ピーマンは なぜ にがいの？

みなさんは、ピーマンが すきですか。ピーマンは にがいから きらいと いう 人(ひと)も いますね。では、どうして にがいのでしょう。

ピーマンが にがいのは、じぶんの 「み」を

まもる　ためなのです。
ピーマンは、じゅくすと　赤(あか)く　なり、中(なか)の
たねも　じゅくして　くろっぽく　なります。
わたしたちが　よく　たべている　みどりいろの
ピーマンは、じつは　じゅくす　まえの
みなのです。じゅくす　まえの　みは、中(なか)の
たねも　じゅくして　いないので、白(しろ)っぽい
いろを　しています。

もし、みが　じゅくす　まえに
どうぶつなどに　たべられてしまうと、
中の　たねは　しんでしまいます。
しんでしまうと、「め」を　出して
そだつ　ことが　できません。そこで、
じゅくす　まえの　ピーマンの　みは、
どうぶつなどに　たべられないように、
にがい　あじが　するのです。

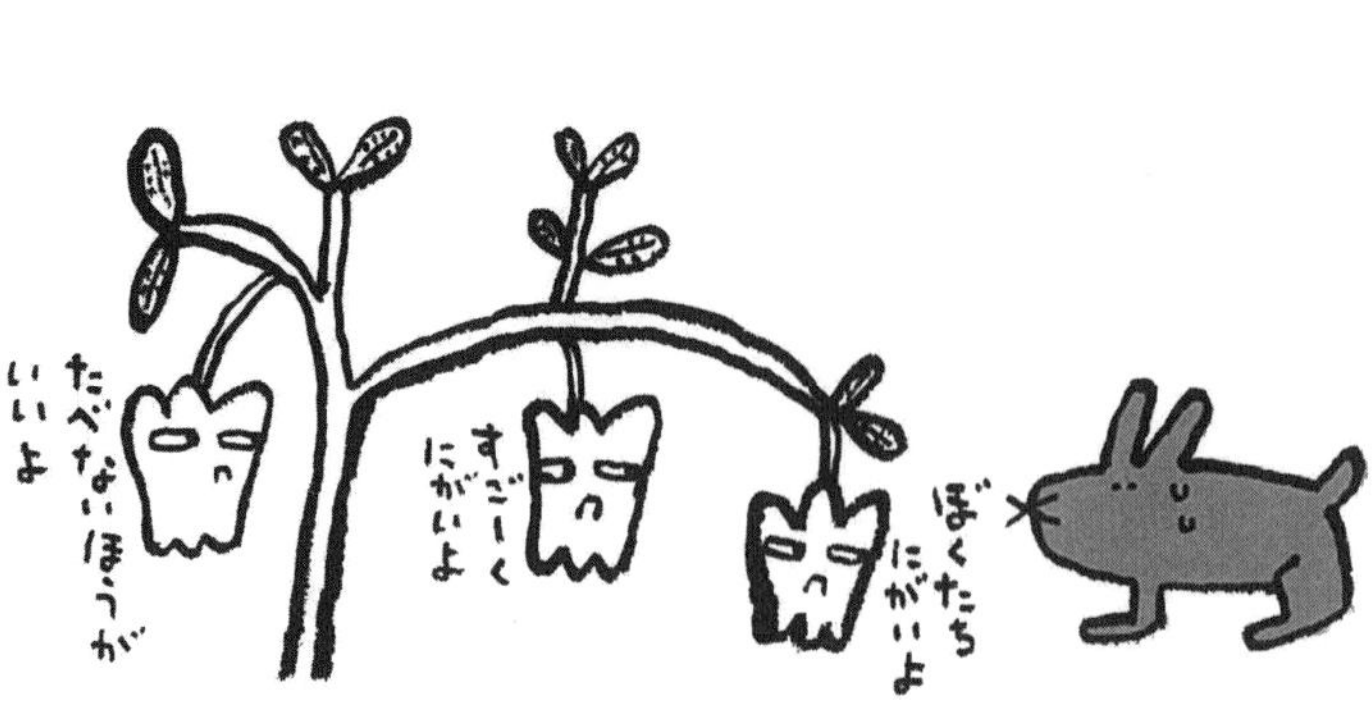

ピーマンは、じゅくして 赤く なると、にがさが
すくなくなり、どうぶつなどに たべられやすく
なります。ピーマンを たべた どうぶつが、とおく
はなれた ばしょで ふんを すると、ふんに
まじって ピーマンの たねが そとに 出ます。
そして、やがて めを 出して そだちます。こうして、
ピーマンは どうぶつに たねを はこんでもらい、
そだつ ばしょを ひろげてきたのです。

おもに　うちがわの　白い　ところが　にがいので、
りょうりを　する　ときに　白い　ところを
とってしまうと、にがさが　すくなく　なります。
また、にがい　あじが　する　ところは　あぶらに
とけるので、りょうりを　する　ときに　あつい
あぶらに　すこし　つけると、にがさが　へります。

ボールが　はずむのは　どうして？

ボールを　かべや　じめんに　ぶつけると、いきおいよく　はずみます。ボールが　よく　はずむ　ひみつは、ボールの　つくりに　あります。ボールの　中（なか）には　空気（くうき）が　とじこめられています。

とじこめられている　空気には、そとから
おされると　おしかえす　はたらきが　あります。
たとえば、ポリぶくろに　空気を　入れて
ふくらませて　とじこめ、おしてみましょう。
はねかえされる　かんじが　します。
これは、中の　空気が　わたしたちの
手を　おしかえしているからです。
空気が　とじこめられている

ボールを　かべに　ぶつけると、ボールは
ぶつかった　いきおいで　つぶれます。すると、中の
空気が　おされて、かべを　いきおいよく
おしかえします。ちょうど、ポリぶくろが
わたしたちの　手を　おしかえしているのと
おなじです。そのため、ボールは　いきおいよく
はずみます。ボールの　中に　入っている　空気の
りょうが　おおいほど、空気が　ものを　おしかえす

はたらきも　大きく　なります。そのため、空気が
あまり　入っていない　やわらかい　ボールと、
空気が　いっぱい　入った　ボールを　かべに
ぶつけると、空気が　いっぱい
入っている　ボールの
ほうが、よく　はずみます。
　また、ボールは　ゴムで
できている　ものが、

ほとんどです。ゴムは、かたちが かわると、もとに もどろうと する はたらきを もっています。そのため、かべに ぶつかって つぶれると、もとの まるい かたちに もどろうと して、かべを おします。

ボールは、空気が まわりの ものを おしかえす はたらきと、ゴムが もとに もどろうと する はたらきの ために、よく はずむのです。

火が　あついのは　どうして？

わたしたちは、たべものを　にたり、やいたり　する　ときに　火を　つかいます。おちばなどを　もやす　ときに　火を　つかう　ことも　あります。

でも、火は　とても　あついので、気を　つけないと

いけません。なぜ　火は　あついのでしょうか。
空気の　中には、「さんそ」と　いう　ものが
まじっています。ものを　もやすと、ものは
空気の　中の　さんそと　むすびつきながら、
ひかりを　出します。これが　火（ほのお）です。
また、もえる　ときには、ひかりと　いっしょに
ねつも　出ます。そのため、ものが　もえると　あつく
かんじるのです。

火が　あついのは、ひかりと
いっしょに、ねつが
出ているからです。

おちばを　もやすと、おちばの　中に
ある　ものが　さんそと　むすびつきはじめます。
さんそと　ものが　むすびつく　はたらきは、
あついほど　はげしく　なります。
そのため、一度　ものが　もえはじめて　あつく

なると、さんそと　むすびつく　はたらきは
ますます　はげしく　なり、もえる　ものが
なくなるまで　もえつづけます。

そして、あとには　ものが　さんそと
むすびついた　のこりかすの「はい」が
のこります。ただ、あぶらや　ガスなどが　もえた
ときには、のこりかすは　空気の　中に　まじって
とんでいってしまう　ため、はいは　のこりません。

ゴムは　どうして　のびちぢみするの？

ゴムふうせんや　わゴムは、ひっぱると　ながくのびますが、手（て）を　はなすと　もとの　かたちにもどってしまいます。もとの　かたちにもどるのは、ゴムが　とくべつな　つくりを

していからです。

ゴムは、目に 見えない 小さな つぶが ひもの かたちに あつまり、さかなを とる あみのように からみあって できています。

ゴムは ふつうは ちぢこまっていて、ひっぱると ながく のびます。でも、もとの ちぢんだ かたちに もどろうと するので、手を はなすと もとに もどります。

ゴムには、しょくぶつから つくられる ものと、「石油」から つくられる ものが あります。しょくぶつから つくられる ゴムは、あつい ところに 生えている 「ゴムの 木」と いう 木の しるを かためて つくります。木の しるを かためただけの ゴムを 「生ゴム」と いいます。

ゴムの 木の みきを きずつけて、しるを とり出します。

でも、生ゴムは　ゴムの　中に　ある　ひものような
ものが　よく　からみあっていないので、もとの
かたちに　もどろうと　する　力が　よわく、
じかんが　たつと　べとべとに　なってしまいます。
べとべとに　ならないように　する　ためには、
「いおう」と　いう　ものを　まぜます。すると、
ひもが　しっかりと　からみあうように　なり、
のびちぢみする　ゴムに　なるのです。

かがくの びっくり

くさい たべもの 大しゅうごう！

おいしい たべものは、いい においです。くさい たべものは？

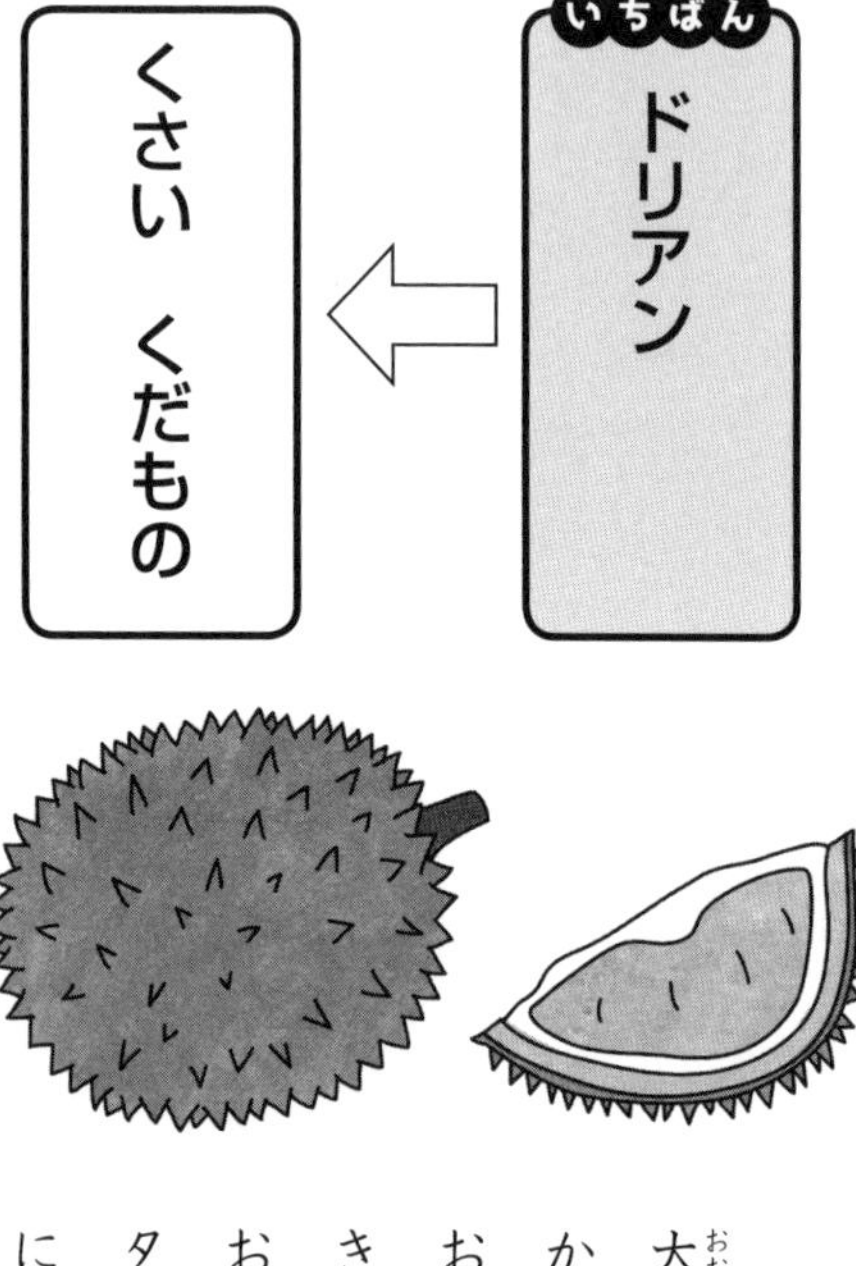

ドリアンは、人の あたまほどの 大きさの くだものです。かたい かわは、たくさんの とげに おおわれています。中は うすい きいろで、あまみが あります。あじは おいしいと いわれていますが、タマネギが くさったような つよい においが します。

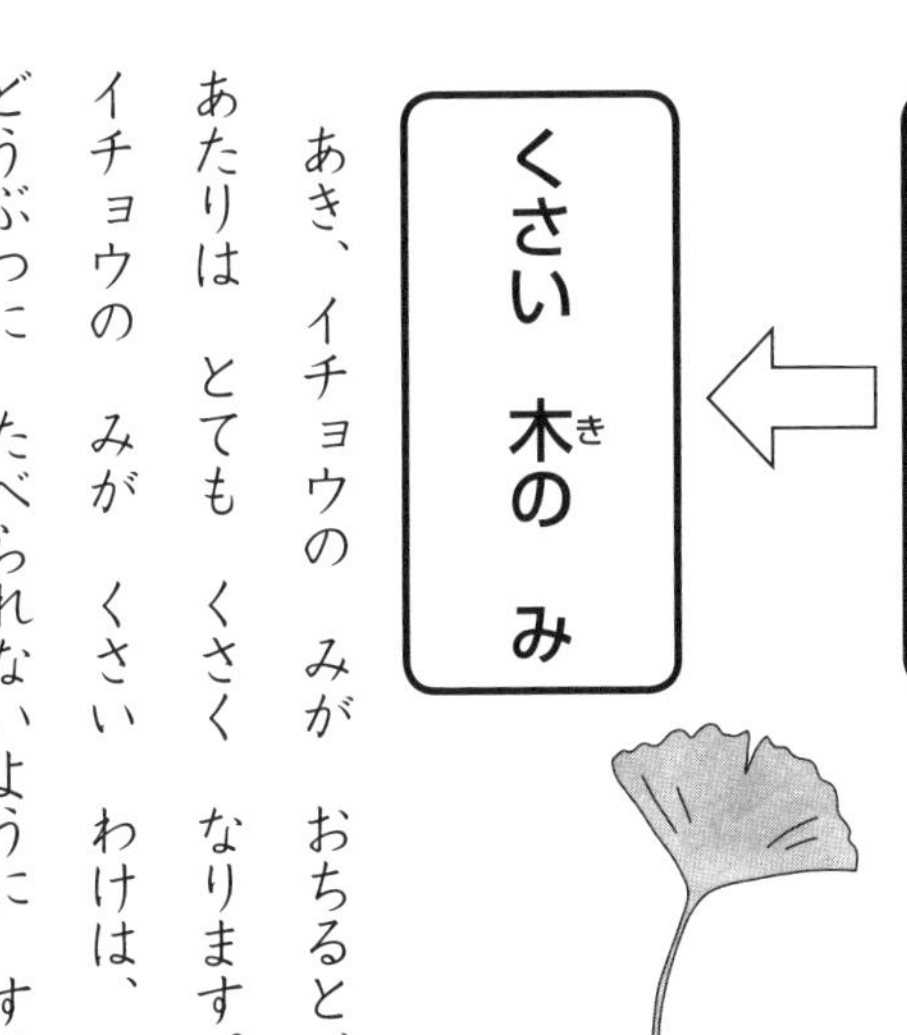

いちばん

イチョウの　み（ギンナン）

くさい　木の　み

あき、イチョウの　みが　おちると、あたりは　とても　くさく　なります。イチョウの　みが　くさい　わけは、どうぶつに　たべられないように　する　ためと　かんがえられています。

いちばん

シュールストレミング

くさい　かんづめ

シュールストレミングは、「すっぱい　ニシン」と　いう　いみで、ニシンと　いう　さかなの　しおづけです。「せかいで　いちばん　くさい　かんづめ」と　されています。かんを　あけると、つよい　においが　します。

かがくのびっくり

ちょこっと みの まわり・たべものの なぜ? どうして?

みの まわり・たべものの ふしぎに ついて、見てみましょう。

Q ゼラチンと かんてんは どう ちがうの?

A ゼラチンは ブタなどの ほねや かわ、かんてんは テングサなどを もとに して います。ゼラチンは ゼリーなどに、かんてんは ようかんなどに つかわれます。

Q とうふを こおらせると どうなるの?

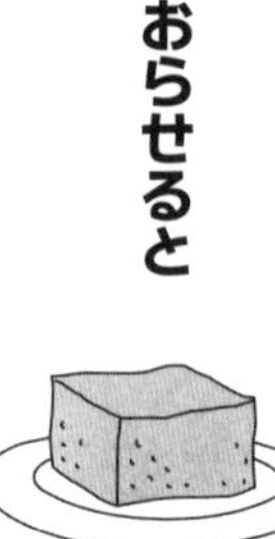

A とうふは おもに だいずと 水で できて います。白い とうふを こおらせると、きいろく なります。だいずと 水が わかれて、ぜんたいが だいずの いろに なるからです。

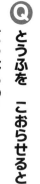

Q ガスの　火が　青いのは　なぜ？

A ガスが　火を　出して　もえるには、空気の　中の　さんそが　ひつようです。さんそが　じゅうぶんに　ある　とき、ガスは　よく　もえて、青い　ほのおに　なります。さんその　りょうが　すくなく、ガスが　あまり　よく　もえていない　ときは、赤い　ほのおに　なります。青い　ほのおは、赤い　ほのおより　おんどが　たかく　なっています。

Q 熱気球は　どうして　空に　うかぶの？

A あたたかい　空気は　上に　のぼる　せいしつが　あります。熱気球は、バーナーの　火で　あたためた　空気を　気球の　ふうせんの　ところに　ためて、上に　のぼるように　して　空に　うかんでいるのです。たかさを　かえる　ときは　バーナーを　よわめたり、つめたい　空気を　入れたり　します。

かがくのびっくり

みの　まわり・たべものの　ウソ？ホント？クイズ

みの　まわり・たべものに　ついての
クイズに　ちょうせん！

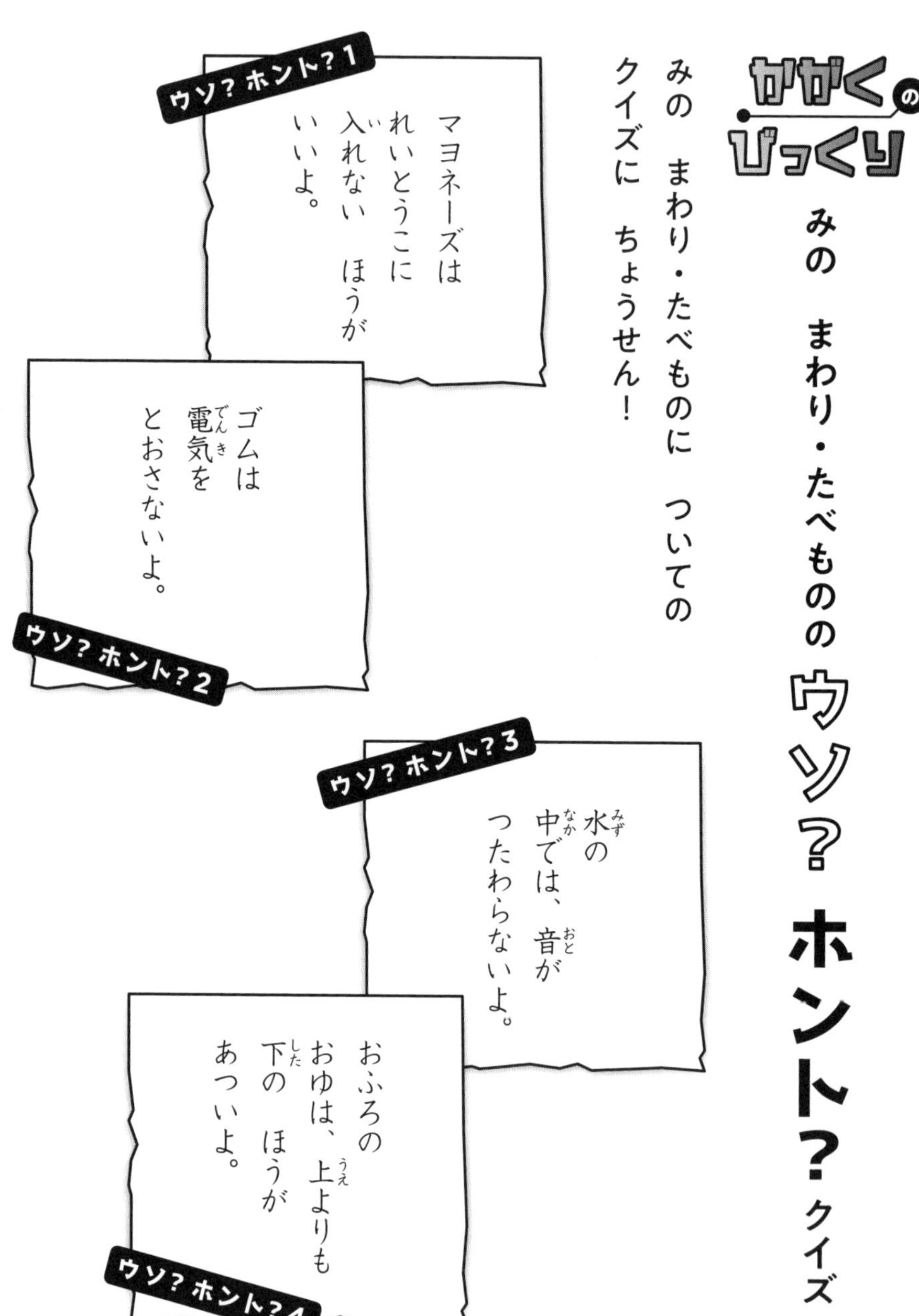

ウソ？ホント？1
マヨネーズは
れいとうこに
入れない　ほうが
いいよ。
ウソ？ホント？2
ゴムは
電気を
とおさないよ。
ウソ？ホント？3
水の
中では、音が
つたわらないよ。
ウソ？ホント？4
おふろの
おゆは、上よりも
下の　ほうが
あついよ。

こたえ　①ホント（0度より　ひくい　おんどだと　あぶらが　わかれてしまうから）
②ホント　③ウソ　④ウソ（上の　ほうが　あつい）

ちきゅうと うちゅうの お話(はなし)

空は　どうして
青いの？

はれている　日の　空は、とても　きれいな　青い
いろを　して　います。空は　どうして、みどりや
赤では　なく、青いのでしょうか。
たいようの　ひかりは　白く　見えますが、じつは

赤や きいろ、みどり、青、むらさきなどの、いろいろな いろの ひかりが まじって できています。いろいろな いろの ひかりが、ぜんぶ まじると 白に なります。でも、空に ある 空気には、たいようの ひかりの うち、青い いろを もっとも おりまげる はたらきが あります。

ひるま、たいようから わたしたちの いる ちきゅうに とどいた ひかりの うち、青い

ひかりは　空の
いろいろな　ばしょで
おりまげられて、
わたしたちの　目に
とどきます。すると、
わたしたちには
空　ぜんたいが　青く
見えるのです。

ほかの　いろは、おりまげられずに　すすむので、わたしたちの　目には　とどきません。

また、うちゅうには　空気が　ない　ため、ひかりが　おりまげられる　ことは　ありません。そのため、わたしたちには　ほしから　まっすぐに　やってくる　ひかりが　見えて、ほしの　ない　ばしょは　まっくらに　見えるのです。

うみの　中は　どんな　いろなの？

コップの　水は　とうめいなのに、うみは　青い
いろに　見えます。それは、水に　とくべつな
はたらきが　あるからです。
水には、たいようの　ひかりの　中に　ある

いろいろな　いろの　ひかりの　うち、青では　ないいろの　ひかりを　すいこんでしまう　はたらきがあります。のこった　青い　ひかりは、水の　中のごみなどの　小さな　つぶに　はねかえって、わたしたちの　目に　とどきます。

　そのため、うみのように　たくさん　水が　あるところでは、青い　ひかりが　たくさん　はねかえされ、わたしたちの　目には　水が　青く　見えるのです。

ただ、コップに　入るぐらいの　すくない　水は、ひかりを　すいこんでしまう　はたらきが　とても　よわいので、青く　見える　ことは　ありません。では、うみの　中では、水の　いろは　どのように　見えるのでしょうか。

　うみの　水は、青では　ない　ひかりを　すいこんでしまうので、うみの　中でも　水は　青く　見えます。でも、ふかく　もぐっていくと、

ひかりが　とどきにくく　なるので、どんどん
くらく　なっていきます。そして、二百メートル
ぐらいから　とても　くらく　なり、千メートル
ぐらいに　なると、まっくらに　なります。

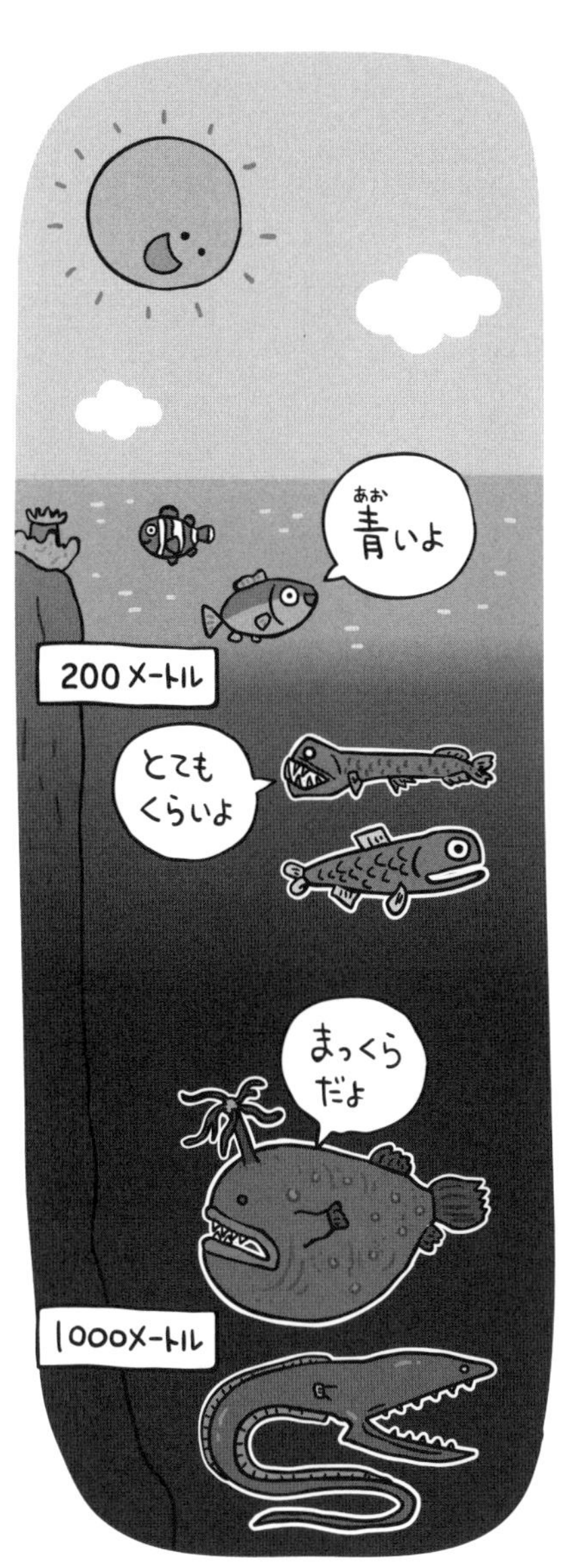

ゆきは　どうして　ふるの？

ふゆ、さむい　日には　ゆきが　ふる　ことが　あります。ゆきは　どうして　ふるのでしょうか。

ゆきは、空気の　中に　ある　小さな　水の　つぶから　つくられます。

空気には、目に 見えない 小さな 水の つぶが たくさん 入っています。これを、「水じょう気」と いいます。

たいようの ひかりなどで じめんが あたためられると、じめんの 上に ある 空気に、じめんの あたたかさが つたわります。

空気は あたたまると、かるく なります。あたたまって、まわりの 空気よりも かるく

なった　空気は、　空の　上へと　のぼっていきます。空の　上に　のぼると、　空気は　ひやされて　つめたく　なります。　すると、　空気の　中に　ある　水じょう気が　あつまって、　目に　見える　大きさの　水の　つぶに　なります。　これが　くもです。

　この　くもの　水の　つぶが　もっと　つめたく　なると、　こおりの　つぶに　なります。くもの　中で　水の　つぶと　こおりの　つぶは

くっついて、
どんどん 大(おお)きく
なっていきます。
そして、やがて
おもくなり、じめんに
むかって
おちはじめます。
これが とけずに

じめんまで　ふってくると、ゆきに　なります。
でも、空気（くうき）が　あたたかいと、じめんに
たどりつく　まえに　とけて、雨（あめ）に
なってしまうのです。

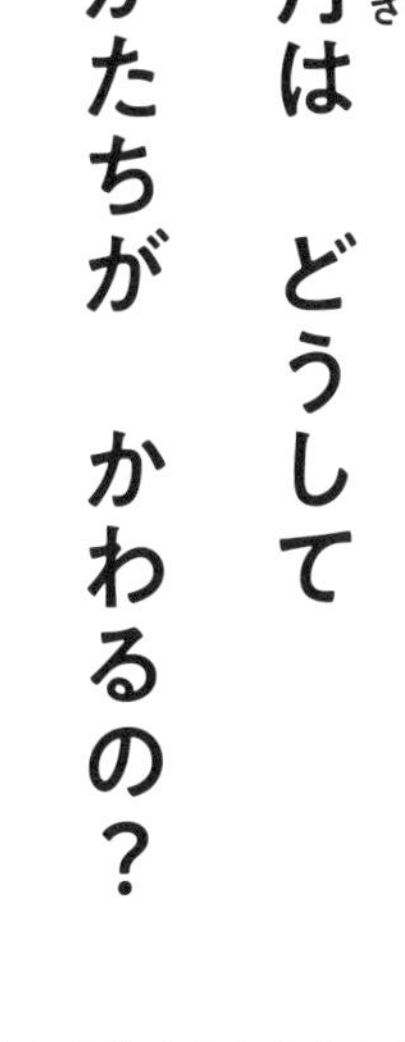

月は どうして かたちが かわるの？

月は、毎日 すこしずつ かたちが かわります。
まるい 月を 「まん月」と いい、はんぶんに なった 月を 「半月」、ゆみのような かたちの 月を 「三日月」と よびます。

月の　かたちが　かわる　ことを　月の「みちかけ」と　いいます。いったい　なぜ、月は　みちかけを　するのでしょうか。

月は　あかるく　ひかって　見えますが、たいようのように　じぶんで　ひかりを　出している　わけでは　ありません。たいようの　ひかりを　はねかえしているので、ひかって　見えるのです。

月は　まるい　かたちを　していますが、

ひかって 見えているのは
たいようの ひかりが
あたっている ところだけです。
月は、一か月ぐらい かけて
ちきゅうの まわりを 一かい
まわります。そのため、月が
見える ほうこうは 毎日
かわります。そして、

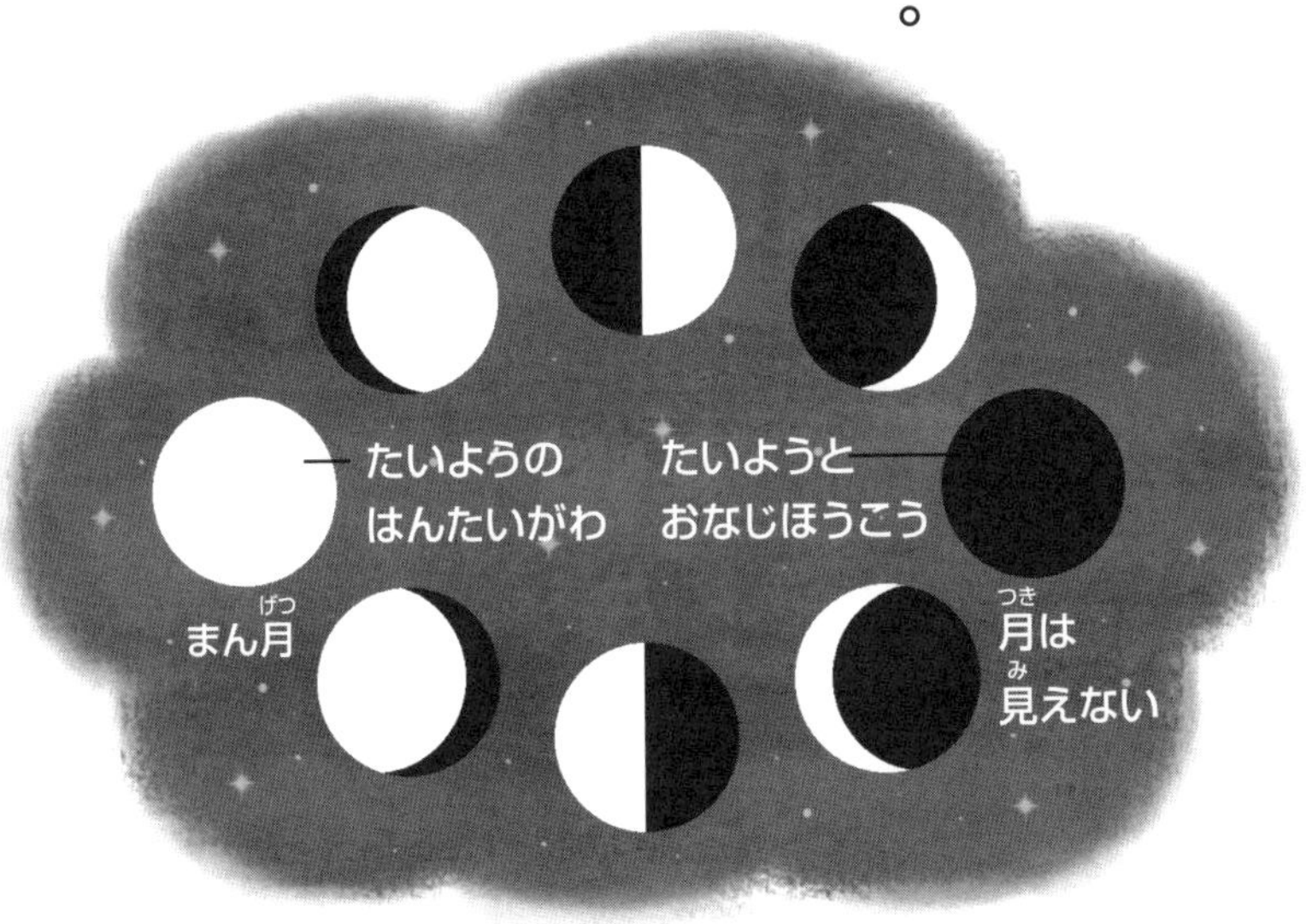

ほうこうが　かわると、
月の　ひかっている
ところの　見えかたも
かわってきます。
　そのため、月は　毎日
かたちが　かわって
見えるのです。
　たとえば、月が　たいようと

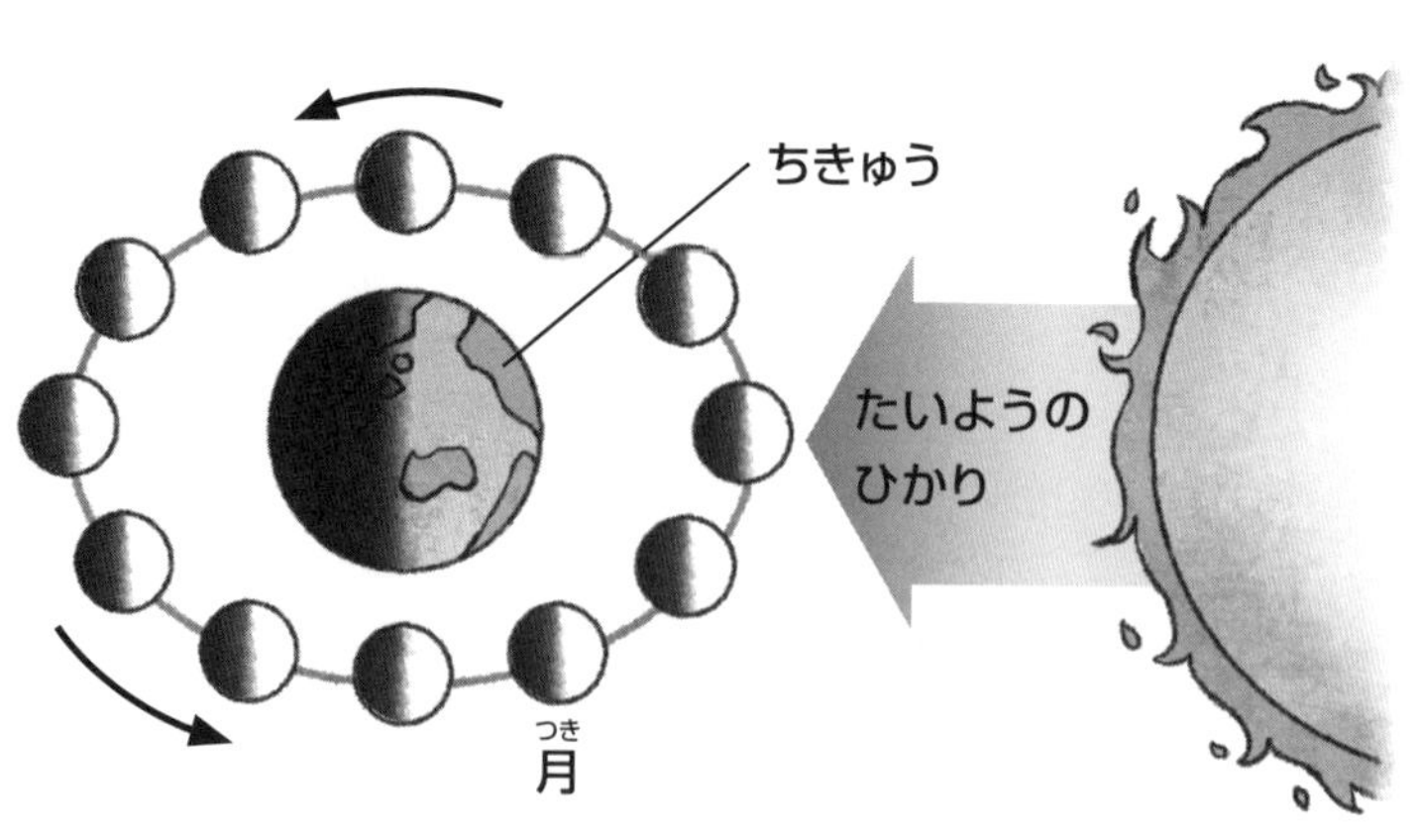

おなじ　ほうこうに　ある　とき、ちきゅうからは
月の　ひかっている　ところが　見えないので、
月は　見えません。月が　たいようの　ほうこうから
すこし　ずれると、ひかっている　ところが
すこしだけ　見えて、三日月に　見えます。
また、月が　たいようの　はんたいがわに
くると、月は　まるい　まん月に　見えるのです。

せかいで　はじめて　うちゅうに　いった　うちゅうひこうし

ガガーリン

（一九三四年～一九六八年）

ガガーリンは、せかいで　はじめて　ロケットに　のって　うちゅうに　いった　うちゅうひこうしです。

ガガーリンは、いまから　九十年ぐらい　まえに、ソビエトれんぽう（いまの　ロシアれんぽう）の

スモレンスクに　ある　村で　生まれました。
小さい　ころから
スポーツが　とくいで
あたまも　よかった
ガガーリンは、ひこうきの
パイロットに　なりたいと
おもっていました。
そして、パイロットに　なる　ための　学校に

入り、きびしい　くんれんを　つんで　パイロットに
なりました。

そのころ、ソビエトと　アメリカは、どちらが
先に　ロケットで　人間を　うちゅうに　いかせる
ことが　できるか、きょうそうを　していました。
やがて、ガガーリンが　二十三さいの　とき、
ソビエトが　せかいで　はじめて、
「じんこうえいせい」を　うち上げる　ことに

せいこうしました。じんこうえいせいとは、うちゅうに　うかんで　ちきゅうの　まわりを　まわりながら、ちきゅうや　うちゅうの　いろいろな　ことを　しらべる　きかいです。ただ、この　じんこうえいせいには、人間（にんげん）は　のっていませんでした。

この　ニュースを　きいた　ガガーリンは、

うちゅうに　いきたいと　おもい、うちゅうひこうしに　なる　くんれんを　する　けんきゅうじょに　入りました。けんきゅうじょでの　くんれんは　とても　きびしい　ものでした。

さいしょ、くんれんを　うけている　なかまは　二十人でしたが、せいせきが　わるい　人は　やめさせられ、とうとう　三人に　なりました。せいせきが　よかった　ガガーリンは、三人の

中に　のこりました。そして、いつも
おちついていて　せいかくも　おだやかだった
ことなどから、さいしょの　うちゅうひこうしに
えらばれました。
　そのころの　ロケットや
うちゅうせんは、いまの
ロケットや　うちゅうせんのように
あんぜんでは　ありませんでした。

そのため、ぶじに　ちきゅうに　かえってこられるか
どうかも　わかりませんでした。
それでも、ガガーリンは　うちゅうひこうしに
えらばれた　ことを　とても　よろこびました。
じぶんの　くにの　ために　やくに　立てる
ことが、とても　うれしかったのです。
ガガーリンが　のった　ロケットは、一九六一年の
四月に　うち上げられました。そして、一じかん

五十ぷんほどで　ちきゅうを　一しゅうし、ぶじに
ちきゅうに　もどってきました。こうして
ガガーリンは、はじめて　うちゅうに
いき、うちゅうから　ちきゅうを
見た　人間に　なったのです。

　この　ニュースは、たちまち
せかい中に　つたえられ
おおくの　人たちを　おどろかせました。

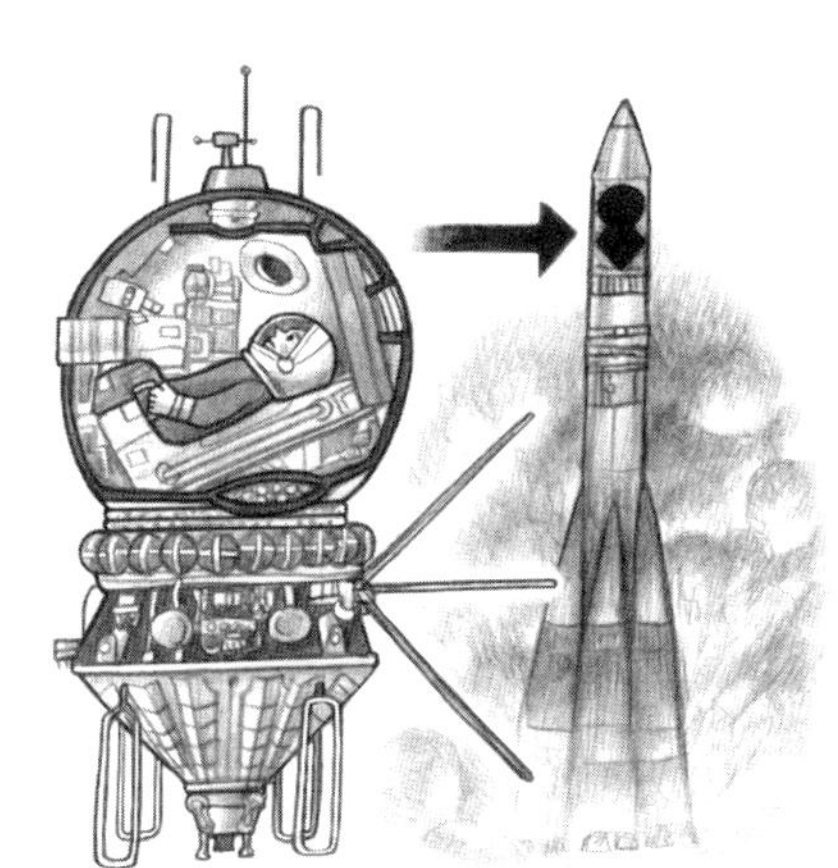

そして、ガガーリンは　ソビエトの
えいゆうに　なりました。
うちゅうから　かえってきて、
うちゅうせんからの　ながめを
きかれた　ガガーリンは、
こう　こたえました。
「空は　まっくら　だった。
でも、ちきゅうは　青かった。」

この　ことばは、おおくの　人びとに　かんどうを
あたえ、とても　有名な　ことばに　なりました。
そのあとも、ガガーリンは　また　うちゅうに
いきたいと　かんがえていました。でも、
ソビエトの　せいじかたちは、えいゆうが
じこなどで　しんでは　こまるので、二度と
うちゅうに　いかせようとは　しませんでした。
うちゅうに　いく　ことが　できなく　なった

ガガーリンは、 うちゅうひこうしを くんれんする
先生に なり、 ときどき ひこうきの そうじゅうを
して くらしました。 そして、 うちゅうに いって
から 七年 たった ころ、 ひこうきで じこに
あい、 しんでしまいました。

ガガーリンが しんだ あと、
うちゅうひこうしを
くんれんする けんきゅうじょは、

ガガーリンを　たたえて、「ガガーリンうちゅうひこうしくんれんセンター」と　いう名前に　かえられました。また、いまの　ロシアではガガーリンが　うちゅうに　いった　四月十二日には、きねんぎょうじが　あります。

せかいで　はじめての　うちゅうひこうしになった　ガガーリンは、いまでも、ロシアの人びとの　えいゆうなのです。

かがくの びっくり

しぜんの いちばん 大しゅうごう！

せかいの 川や 山などの いちばんを しょうかいします。

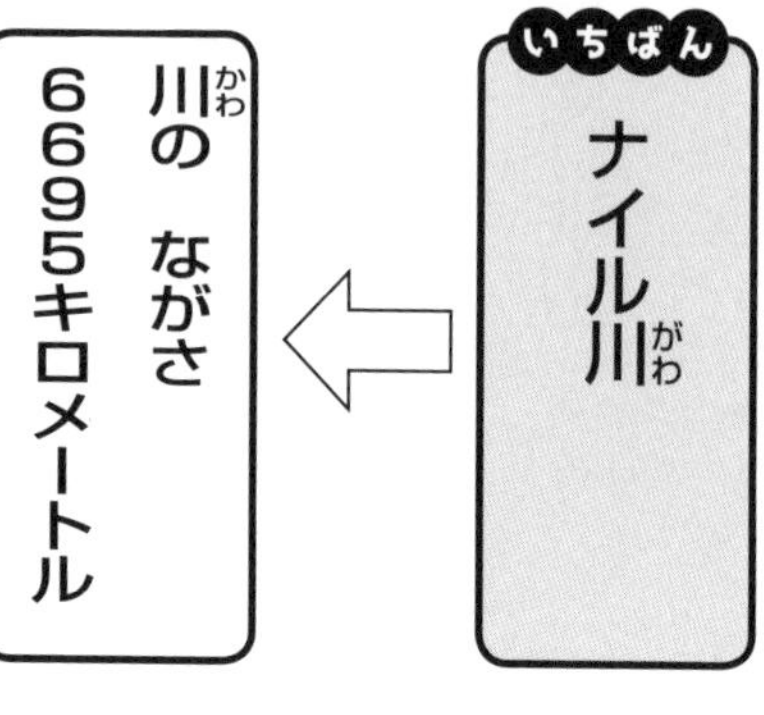

いちばん
ナイル川
川の ながさ
6695キロメートル

アフリカ大りくを ながれる ナイル川は、日本れっとうよりも ずっと ながい 川です。サハラさばくと いう 大きな さばくを とおり、うみに そそいでいます。

いちばん

エベレスト（チョモランマ）

↓

山の　たかさ　8848メートル

せかいで　いちばん　たかい　山は、
ヒマラヤ山脈に　ある　エベレスト
（チョモランマ）です。
ヒマラヤ山脈には、８千メートルを
こえる山が
いくつも
あります。

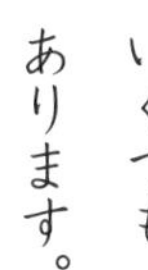

いちばん

カスピ海

↓

みずうみの　大きさ　およそ　37万へいほうキロメートル

カスピ海は、ひろさが　日本と
おなじくらいと　いう、とても　大きな
みずうみです。みずうみの　水は
うみの　水のように　しおを
ふくんでいます。

カスピ海

日本の　ひろさと
ほとんど　おなじ。

ちきゅうと うちゅうの なぜ？ どうして？ ちょこっと

ちきゅうと うちゅうに ついての 小さな ぎもんに こたえます。

Q 川は どうして まっすぐに ながれないの？

A かたむきが ゆるやかに なると、水の ながれは まがりやすく なります。川が うみに ちかづくと、じめんは たいらに なるので、まっすぐに ながれません。

Q かみなりの 力で 電気は つけられるの？

A かみなりの 電気の りょうは 1つの いえが つかう 電気の 50日ぶんに なると いわれます。でも、かみなりを つかまえて、電気を つけるのは、むずかしいでしょう。

Q 月にいくと、たいじゅうがかるくなるって本当？

ちきゅう
60キログラム
（おとなの　男の人の　おもさ）

月
10キログラム
（1さい　くらいの子どもと　おなじくらいの　おもさ）

A ちきゅうよりも　月の　ほうが、じめんが　ものを　ひっぱる　力（重力）が　小さいので、そのぶん　たいじゅうは　かるく　なります。でも、もともと　からだに　ある　ほねや　きんにくなどの　りょうが　かわるわけでは　ありません。

Q 火星の1年と、ちきゅうの1年はちがうの？

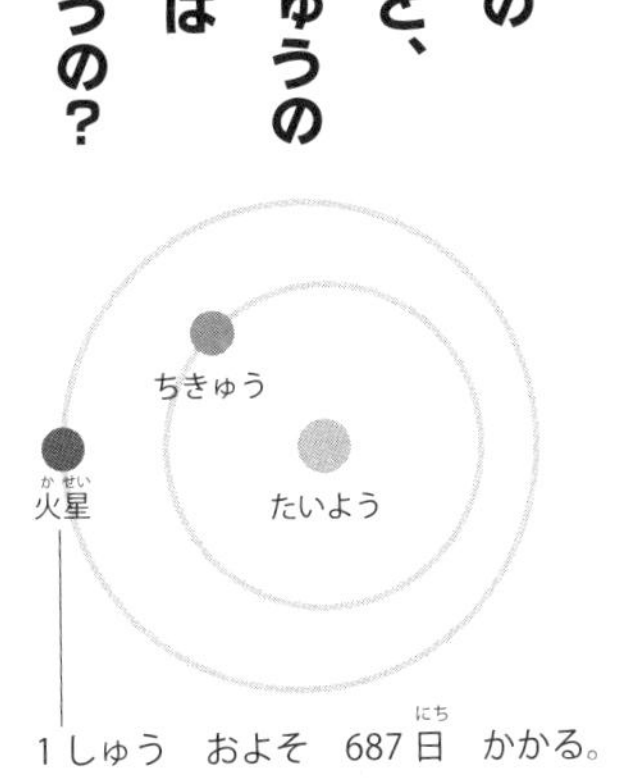

1しゅう　およそ　687日　かかる。

A ちきゅうが　たいようの　まわりを　1しゅう　するのに　かかる　じかんが　1年です。ちきゅうの　1年は　およそ　365日です。火星は、ちきゅうより　ずっと　たいようから　はなれて　いるので、1しゅう　するのに　およそ　687日も　かかります。

かがくのびっくり

ちきゅうと うちゅうの ウソ？ ホント？ クイズ

ちきゅうと うちゅうに ついての クイズです。ぜんぶ わかりますか。

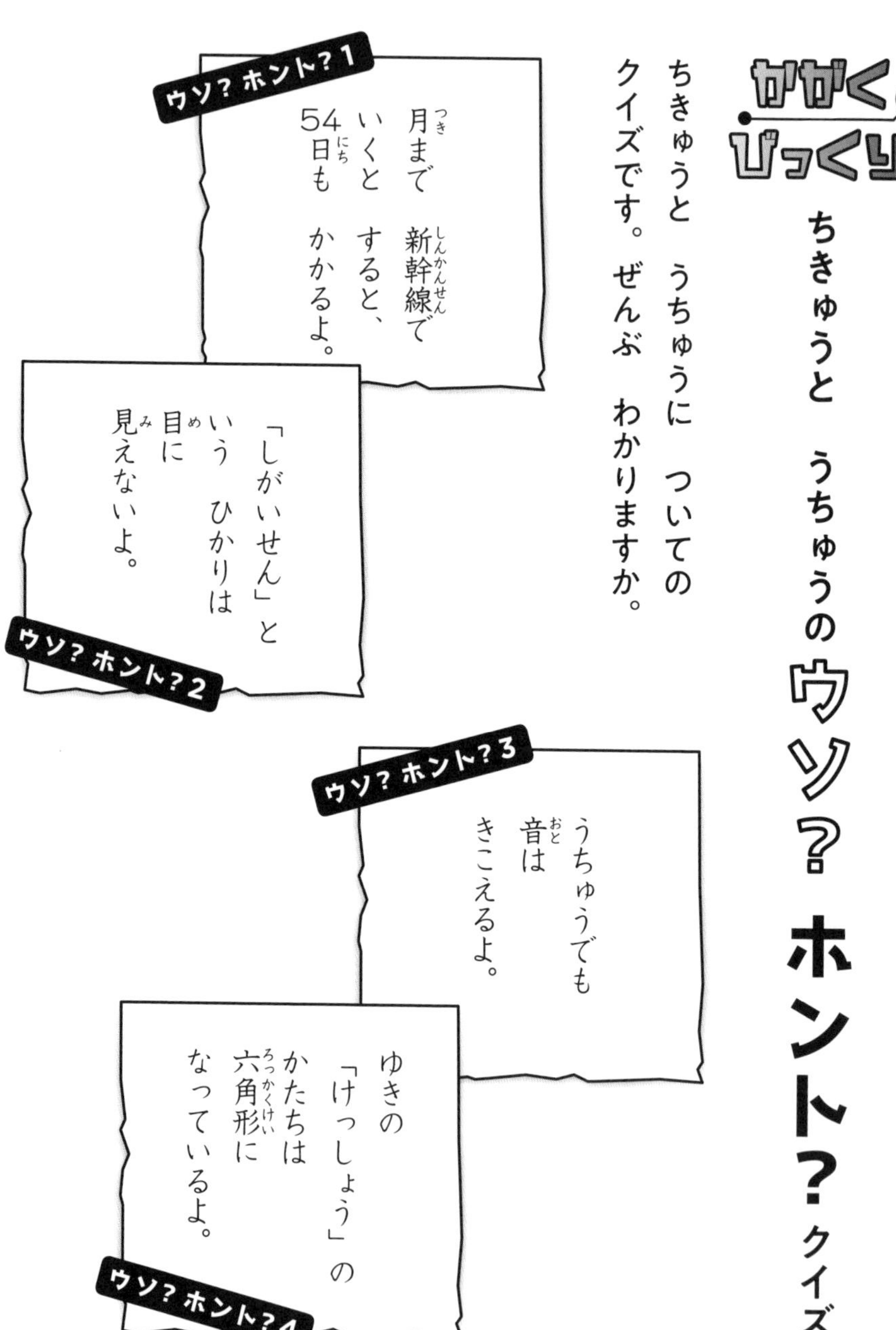

ウソ？ホント？1
月まで 新幹線で いくと すると、54日も かかるよ。
ウソ？ホント？2
「しがいせん」と いう ひかりは 目に 見えないよ。
ウソ？ホント？3
うちゅうでも 音は きこえるよ。
ウソ？ホント？4
ゆきの 「けっしょう」の かたちは 六角形に なっているよ。

こたえ ①ホント ②ホント ③ウソ（空気が ないので 音が つたわらない） ④ホント

ウソ？ホント？5
よるは 空に
くもが ないよ。
ウソ？ホント？6
日本が ある
ところは
大むかしは、
うみ
だったんだって。
石油は
どうぶつや
しょくぶつの
しがいから
できるよ。
ウソ？ホント？7
ウソ？ホント？8
たいようより
大きな ほしは
ないよ。
ウソ？ホント？9
ひるまでも
ほしが
見えるよ。
2月が 29日まで
ある年は、
5年ごとに
あるよ。
ウソ？ホント？10

こたえ ⑤ウソ ⑥ホント ⑦ホント ⑧ウソ（たいようより 大きな ほしは たくさん ある） ⑨ホント ⑩ウソ（4年ごと）

おうちの方へ

横浜国立大学名誉教授
森本信也

小学校では2020年度から新しい学習指導要領のもとで授業が進められています。授業の形は今までとは異なります。アクティブ・ラーニングと称する新しい形態の授業が試みられようとしています。今までのように、子どもに知識の記憶のみを求める授業ではありません。子ども自身が問題をもち、その解決のために情報を集め、クラスの仲間と共に議論をしながら、解決していこうとする活動が重視されます。こうした授業は中学校、高等学校、さらには大学でも同じように進められます。

この授業では、子どもの心が「なぜ?どうして?」と常に活性化され、問題解決する活動が促されます。子どもが能動的に、つまり、アクティブに学習に臨む力と態度を育てようとしているのです。子どもの好奇心は旺盛です。本書でも取り上げられているように「どうしておなかがすくの」「イヌはどうしてしっぽをふるの」等々枚挙にいとまがありません。子どものこうした好奇心こそがアクティブ・ラーニングの素地になります。科学的に探究する力は、こうした活動から生まれるのです。本書は子どものこうした活動を支援するために編集されました。

本書はじめの観音開きページでは、「なぜトラはしましまもよう？」「どうしてかくれているの？」「どんなかくれかたがあるの？」というように、子どもの疑問の提起、解決のための情報提示、吹き出しに見られる子どもなりに考えることへの誘い、というように紙面上ではありますが、こうした活動が展開されます。本文もこれを受けて同じように展開され、子ども自身が考えながら、問題解決することが促されます。

この活動を最も円滑に進める鍵は「対話」です。子どもが大人、仲間との情報についての対話により、次々と考えを深めるのです。これこそが子どもに身につけさせたい新しい学習習慣です。学校での学習を始めた今こそ育むことが望まれる力と態度だと思います。本書編集の願いです。

森本信也（もりもと　しんや）

横浜国立大学名誉教授。博士（教育学）。専門は理科教育学。
著書に『考える力が身につく対話的な理科授業』（2013）、『子どもの科学的リテラシー形成を目指した生活科・理科授業の開発』（2009）、いずれも東洋館出版社、『幼児の体験活動に見る「科学の芽」』（2011、学校図書）。監修書に、『ふしぎこどもずかん　科学』（2013、学研）などがある。

監修	横浜国立大学名誉教授　森本信也
部分監修	動物科学研究所所長　今泉忠明（生きもののすがた）
文	山内ススム
表紙絵	スタジオポノック／米林宏昌　©STUDIO PONOC
本文絵	アキワシンヤ　尾田瑞季　金田啓介　越濱久晴　すがわらけいこ 森のくじら　八木橋麗代　やまざきかおり
装丁・デザイン	株式会社マーグラ（香山　大）
写真協力	アフロ　アマナイメージズ　フォトライブラリー　PIXTA
編集協力	入澤宣幸　株式会社童夢（植本康子）
校閲・校正	株式会社バンティアン　遠藤理恵

よみとく10分
なぜ？ どうして？ かがくのぎもん 1年生

2014年２月28日　第１刷発行
2020年７月21日　増補改訂版第１刷発行

発行人	土屋　徹
編集人	土屋　徹
企画編集	冨山由夏
発行所	株式会社 学研プラス 〒141-8415　東京都品川区西五反田 2-11-8
印刷所	図書印刷株式会社

※本書は、『なぜ？ どうして？ もっとかがくのお話　1年生』（2014年刊）を増補改訂したものです。

この本に関する各種お問い合わせ先
- 本の内容については、下記サイトのお問い合わせフォームよりお願いします。
https://gakken-plus.co.jp/contact/
- 在庫については　Tel 03-6431-1197（販売部）
- 不良品（落丁、乱丁）については　Tel 0570-000577
学研業務センター 〒354-0045 埼玉県入間郡三芳町上富 279-1
- 上記以外のお問い合わせは　Tel 0570-056-710（学研グループ総合案内）

© Gakken
本書の無断転載、複製、複写（コピー）、翻訳を禁じます。本書を代行業者等の第三者に依頼してスキャンやデジタル化することは、たとえ個人や家庭内の利用であっても、著作権法上、認められておりません。

複写（コピー）をご希望の場合は、下記までご連絡ください。
日本複製権センター　https://jrrc.or.jp/　E-mail: jrrc_info@jrrc.or.jp
Ⓡ<日本複製権センター委託出版物>

学研の書籍、雑誌についての新刊情報、詳細情報は、下記をご覧ください。
学研出版サイト　https://hon.gakken.jp/